普通高等教育"十一五"国家级规划教材

高等职业教育电子技术技能培养规划教材
Gaodeng Zhiye Jiaoyu Dianzi Jishu Jineng Peiyang Guihua Jiaocai

EDA实用技术

（第2版）

宋嘉玉 主编

EDA Operative Technology

(2nd Edition)

人 民 邮 电 出 版 社
北 京

图书在版编目（CIP）数据

EDA实用技术 / 宋嘉玉主编. -- 2版. -- 北京：人
民邮电出版社，2012.1
　　普通高等教育"十一五"国家级规划教材　高等职业
教育电子技术技能培养规划教材
　　ISBN 978-7-115-25924-0

　　Ⅰ. ①E… Ⅱ. ①宋… Ⅲ. ①电子电路—电路设计：
计算机辅助设计—高等职业教育—教材 Ⅳ. ①TN702

中国版本图书馆CIP数据核字（2011）第176059号

内 容 提 要

　　本书较全面地介绍了 EDA 的实用技术，讲述通俗易懂，将知识点与能力点有机结合起来，注重对应用能力的培养。

　　本书主要内容包含可编程逻辑器件、Quartus Ⅱ设计软件的应用、硬件描述语言（VHDL）、Multisim 9设计软件的应用、Protel 99SE 电路原理图设计、Protel 99SE 电路板图设计、开发系统案例。

　　本书可作为高职高专院校电子类等专业的教材，也可供相关专业技术人员阅读参考。

普通高等教育"十一五"国家级规划教材
高等职业教育电子技术技能培养规划教材

EDA 实用技术（第 2 版）

- ◆ 主　　编　宋嘉玉
　　责任编辑　赵慧君

- ◆ 人民邮电出版社出版发行　　北京市崇文区夕照寺街 14 号
　　邮编　100061　　电子邮件　315@ptpress.com.cn
　　网址　http://www.ptpress.com.cn
　　大厂聚鑫印刷有限责任公司印刷

- ◆ 开本：787×1092　1/16
　　印张：17　　　　　　　　　2012 年 1 月第 2 版
　　字数：458 千字　　　　　　2012 年 1 月河北第 1 次印刷

ISBN 978-7-115-25924-0

定价：33.80 元

读者服务热线：(010)67170985　印装质量热线：(010)67129223
反盗版热线：(010)67171154

第 2 版前言

本书在第 1 版的基础上，经过多年高等职业教育教学改革与实践，体现"以就业为指导，以任务为引领，项目主导，体现岗位技能"的指导思想，坚持"以学生为中心、能力培养为本位"的职业教育思想，倡导以实际工作任务为导向、"做中学、学中做"的教学理念，结合目前新技术新器件的发展和使用情况，进行了适当的修订。修订后的教材，更加符合电子类专业的"工学结合、校企合作"人才培养模式，读者更容易掌握电子设计自动化的新技术，提高就业能力。具体修订内容如下。

1. 提升开发平台

鉴于前一代 Max+plus II 开发环境 Altera 公司已经不再提供新的版本，因此采用 Altera 公司新一代的 FPGA/CPLD 开发环境 Quartus II。Quartus II 通过和 DSP Builder 工具与 Matlab/Simulink 相结合，可以方便地实现各种 DSP 应用系统；支持 Altera 的片上可编程系统（SOPC）开发，集系统级设计、嵌入式软件开发、可编程逻辑设计于一体。

2. 升级开发软件

将仿真软件升级为 Multisim 9。升级软件元器件库的种类更多，仿真分析功能多至 24 种，虚拟仪器更齐全，提供了更为先进的设计理念和技术。Multisim 9 实现了与 LABVIEW 8 的完美结合，利用 Multisim 9 可以设计和制造虚拟仪器，有效地完成电子工程项目从最初的概念建模到最终的成品的全过程。

3. 增加工程实践案例

通过工程案例培养学生对所学知识技能的综合应用能力、工作能力，熟悉电子产品开发、设计的全过程。

本书由宋嘉玉、王蓉负责全书的修订与统稿，徐琼燕、杨亚琴参与了本书的修订。

限于编者水平，书中难免有错漏和不妥之处，恳请读者指正。

编　者

2011 年 7 月

目 录

第 1 章 绪 论

本章要点

- 电子 EDA 技术的基本方法。
- 电子 EDA 技术的基本内容。

本章难点

- ASIC（Application Specific Integrated Circuits）芯片设计内容。

1.1 EDA 技术及发展

　　人类社会已进入到高度发达的信息化社会，信息社会的发展离不开电子产品的进步。现代电子产品在性能提高、复杂度增大的同时，价格却一直呈下降趋势，而且产品更新换代的步伐也越来越快，实现这种进步的主要原因就是生产制造技术和电子设计技术的发展。前者以微细加工技术为代表，目前已进展到深亚微米阶段，可以在几平方厘米的芯片上集成数千万个晶体管；后者的核心就是 EDA 技术。EDA 是指以计算机为工作平台，融合了应用电子技术、计算机技术、智能化技术最新成果而研制成的电子 CAD 通用软件包，主要能辅助进行三方面的设计工作：IC 设计、电子电路设计以及 PCB 设计。没有 EDA 技术的支持，想要完成上述超大规模集成电路的设计制造是不可想象的，反过来，生产制造技术的不断进步又必将对 EDA 技术提出新的要求。EDA 代表了当今电子设计技术的最新发展方向，它的基本特征是：设计人员按照"自顶向下"的设计方法，对整个系统进行方案设计和功能划分，系统的关键电路用一片或几片专用集成电路（ASIC）实现，然后采用硬件描述语言（VHDL）完成系统行为级设计，最后通过综合器和适配器生成最终的目标器件。这样的设计方法被称为高层次的电子设计方法。EDA 技术打破了软硬件之间的设计界限，使硬件系统软件化。这已成为现代电子设计技术的发展势。

　　10 年前，电子设计的基本思路还是选择标准集成电路"自底向上"（Bottom-Up）地构造出一个新的系统，这样的设计方法就如同一砖一瓦地建造金字塔，不仅效率低、成本高而且还容易出错。高层次设计给我们提供了一种"自顶向下"（Top-Down）的全新的设计方法，这种设计方法首先从系统设计入手，在顶层进行功能方框图的划分和结构设计。在方框图一级进行仿真、纠错，并用硬件描述语言对高层次的系统行为进行描述，在系统一级进行验证。然后用综合优化工具生成具体门电路的网表，其对应的物理实现级可以是印制电路板或专用集成电路。由于设计的主要 仿真和调试过程是在高层次上完成的，这不仅有利于早期发现结构设计上的错误，避免设计工作的浪费，而且也减少了逻辑功能仿真的工作量，提高了设计的一次成功率。

　　现代电子产品的复杂度日益加深，一个电子系统可能由数万个中小规模集成电路构成，这就带来了体积大、功耗大、可靠性差的问题，解决这一问题的有效方法就是采用 ASIC

（Application Specific Integrated Circuits）芯片进行设计。ASIC 按照设计方法的不同可分为：全定制 ASIC，半定制 ASIC，可编程 ASIC（也称为可编程逻辑器件）。设计全定制 ASIC 芯片时，设计师要定义芯片上所有晶体管的几何图形和工艺规则，最后将设计结果交由 IC 厂家掩膜制造完成。优点是：芯片可以获得最优的性能，即面积利用率高、速度快、功耗低。缺点是：开发周期长，费用高，只适合大批量产品开发。半定制 ASIC 芯片的版图设计方法有所不同，分为门阵列设计法和标准单元设计法，这两种方法都是约束性的设计方法，其主要目的就是简化设计，以牺牲芯片性能为代价来缩短开发时间。可编程逻辑芯片与上述掩膜 ASIC 的不同之处在于：设计人员完成版图设计后，在实验室内就可以烧制出自己的芯片，无须 IC 厂家的参与，大大缩短了开发周期。可编程逻辑器件自七十年代以来，经历了 PAL、GAL、CPLD、FPGA 几个发展阶段，其中 CPLD/FPGA 属高密度可编程逻辑器件，目前集成度已高达 200 万门/片，它将掩膜 ASIC 集成度高的优点和可编程逻辑器件设计生产方便的特点结合在一起，特别适合于样品研制或小批量产品开发，使产品能以最快的速度上市，而当市场扩大时，它可以很容易的转由掩膜 ASIC 实现，因此开发风险也大为降低。上述 ASIC 芯片，尤其是 CPLD/FPGA 器件，已成为现代高层次电子设计方法的实现载体。

1.2 硬件描述语言

硬件描述语言（HDL-Hardware Description Language）是一种用于设计硬件电子系统的计算机语言，它用软件编程的方式来描述电子系统的逻辑功能、电路结构和连接形式，与传统的门级描述方式相比，它更适合大规模系统的设计。例如一个 32 位的加法器，利用图形输入软件需要输入 500 至 1000 个门，而利用 VHDL 语言只需要书写一行 A=B+C 即可，而且 VHDL 语言可读性强， 易于修改和发现错误。早期的硬件描述语言，如 ABEL-HDL、AHDL，是由不同的 EDA 厂商开发的，互相不兼容，而且不支持多层次设计，层次间翻译工作要由人工完成。为了克服以上缺陷，1985 年美国国防部正式推出了 VHDL（Very High Speed IC Hardware Description Language）语言，1987 年 IEEE 采纳 VHDL 为硬件描述语言标准（IEEE STD-1076）。VHDL 是一种全方位的硬件描述语言，包括系统行为级、寄存器传输级和逻辑门级多个设计层次，支持结构、数据流、行为三种描述形式的混合描述，因此 VHDL 几乎覆盖了以往各种硬件描述语言的功能，整个自顶向下或自底向上的电路设计过程都可以用 VHDL 来完成。另外，VHDL 还具有以下优点：VHDL 的宽范围描述能力使它成为高层次设计的核心，将设计人员的工作重心提高到了系统功能的实现与调试，只需花较少的精力用于物理实现。VHDL 可以用简洁明确的代码描述来进行复杂控制逻辑的设计，灵活且方便，而且也便于设计结果的交流、保存和重用。VHDL 的设计不依赖于特定的器件，方便了工艺的转换。VHDL 是一个标准语言，为众多的 EDA 厂商支持，因此移植性好。

1.3 EDA 技术的基本设计方法

数字系统设计有多种方法，如模块设计法、自顶向下设计法和自底向上设计法等。

数字系统的设计一般采用自顶向下、由粗到细、逐步求精的方法。自顶向下是指将数字系统的整体逐步分解为各个子系统和模块，若子系统规模较大，则还需将子系统进一步分解为更小的子系统和模块，层层分解，直至整个系统中各子系统关系合理，并便于逻辑电路级的设计和实现为止。采用该方法设计时，高层设计进行功能和接口描述，说明模块的功能和接口，模块功能的更详细的描述在下一设计层次说明，最底层的设计才涉及具体的寄存器和逻辑门电路等实现方式的描述。EDA 技术的每一次进步，都引起了设计层次上的一个飞跃。

1. 电路级设计

电子工程师接受系统设计任务后，首先确定设计方案，同时要选择能实现该方案的合适元器件，然后根据具体的元器件设计电路原理图。接着进行第一次仿真，包括数字电路的逻辑模拟、故障分析、模拟电路的交直流分析、瞬态分析。系统在进行仿真时，必须要有元件模型库的支持，计算机上模拟的输入/输出波形代替了实际电路调试中的信号源和示波器。这一次仿真主要是检验设计方案在功能方面的正确性。仿真通过后，根据原理图产生的电气连接网络表进行 PCB 板的自动布局布线。在制作 PCB 板之前还可以进行后分析，包括热分析、噪声及串扰分析、电磁兼容分析、可靠性分析等，并且可以将分析后的结果参数反标回电路图，进行第二次仿真，也称为后仿真，这一次仿真主要是检验 PCB 板在实际工作环境中的可行性。由此可见，电路级的 EDA 技术使电子工程师在实际的电子系统产生之前，就可以全面地了解系统的功能特性和物理特性，从而将开发过程中出现的缺陷消灭在设计阶段，不仅缩短了开发时间，也降低了开发成本。

2. 系统级设计

进入 90 年代以来，电子信息类产品的开发出现了两个明显的特点：一是产品的复杂程度加深，二是产品的上市时限紧迫。然而电路级设计本质上是基于门级描述的单层次设计，设计的所有工作（包括设计输入，仿真和分析，设计修改等）都是在基本逻辑门这一层次上进行的，显然这种设计方法不能适应新的形势，为此引入了一种高层次的电子设计方法，也称为系统级的设计方法。设计人员无须通过门级原理图描述电路，而是针对设计目标进行功能描述，由于摆脱了电路细节的束缚，设计人员可以把精力集中于创造性的概念构思与方案上，一旦这些概念构思以高层次描述的形式输入计算机后，EDA 系统就能以规则驱动的方式自动完成整个设计。这样，新的概念得以迅速有效的成为产品，大大缩短了产品的研制周期。不仅如此，高层次设计只是定义系统的行为特性，可以不涉及实现工艺，在厂家综合库的支持下，利用综合优化工具可以将高层次描述转换成针对某种工艺优化的网表，工艺转化变得轻松容易。

高层次设计步骤如下。

第一步：按照"自顶向下"的设计方法进行系统划分。

第二步：输入 VHDL 代码，这是高层次设计中最为普遍的输入方式。此外，还可以采用图形输入方式（框图，状态图等），这种输入方式具有直观、容易理解的优点。

第三步：将以上的设计输入编译成标准的 VHDL 文件。对于大型设计，还要进行代码级的功能仿真，主要是检验系统功能设计的正确性，因为对于大型设计，综合、适配要花费数小时，在综合前对源代码仿真，就可以大大减少设计重复的次数和时间，一般情况下，可略去这一仿真步骤。

第四步：利用综合器对 VHDL 源代码进行综合优化处理，生成门级描述的网表文件，这是将高层次描述转化为硬件电路的关键步骤。综合优化是针对 ASIC 芯片供应商的某一产品系列进行的，所以综合的过程要在相应的厂家综合库支持下才能完成。综合后，可利用产生的网表文件进行适配前的时序仿真，仿真过程不涉及具体器件的硬件特性，较为粗略。一般设计，这一仿真步骤也可略去。

第五步：利用适配器将综合后的网表文件针对某一具体的目标器件进行逻辑映射操作，包括底层器件配置、逻辑分割、逻辑优化和布局布线。适配完成后，产生多项设计结果。

① 适配报告，包括芯片内部资源利用情况，设计的布尔方程描述情况等。

② 适配后的仿真模型。

③ 器件编程文件。

根据适配后的仿真模型，可以进行适配后的时序仿真，因为已经得到器件的实际硬件特性（如时延特性），所以仿真结果能比较精确地预期未来芯片的实际性能。如果仿真结果达不到设计要求，就需要修改 VHDL 源代码或选择不同速度品质的器件，直至满足设计要求。

第六步：将适配器产生的器件编程文件通过编程器或下载电缆载入到目标芯片 FPGA 或 CPLD 中。如果是大批量产品开发，通过更换相应的厂家综合库，可以很容易转由 ASIC 形式实现。

1.4 常用的 EDA 设计工具

1. PCB 设计工具——Protel

Protel 是 Protel Technology 公司开发的、功能强大的电路 EDA 软件，主要包括电路原理图的设计、网络表的生成及印制电路板的设计方法、设计工艺及操作等内容。Protel 是电子设计者的首选软件，它很早就在国内开始使用，在国内的普及率也最高。有些高校的电子专业还专门开设了课程来学习它，几乎所有的电子公司都要用到它，许多大公司在招聘电子设计人才时在其条件栏上常会写着要求会使用 Protel。

在 20 世纪 80 年代末期，美国 ACCEL Technologies INC 推出了第一个应用于电子设计软件包 TANGO，这个软件包开创了电子设计自动化（EDA）的先河。随着电子业的飞速发展，TANGO 日益显示出不适应发展的需求，这时 Protel Technology 公司以其强大的研发能力推出了 Protel For Dos 作为 TANGO 的升级版本，从此 Protel 开始日益发展。90 年代出现基于 Windows 的 Protel 版本以及后来的 Protel98/99/99SE/2004/DXP 等。

2005 年底，Protel 软件的原厂商 Altium 公司推出了 Protel 系列的最新高端版本 Altium Designer。Altium Designer 是完全一体化电子产品开发系统的一个新版本，也是业界第一款也是唯一一种完整的板级设计解决方案。Altium Designer 是业界首例将设计流程、集成化 PCB 设计、可编程器件（如 FPGA）设计和基于处理器设计的嵌入式软件开发功能整合在一起的产品，一种同时进行 PCB 和 FPGA 设计以及嵌入式设计的解决方案，具有将设计方案从概念转变为最终成品所需的全部功能。Altium Designer 拓宽了板级设计的传统界限，全面集成了 FPGA 设计功能和 SOPC 设计实现功能，从而允许工程师能将系统设计中的 FPGA 与 PCB

设计以及嵌入式设计集成在一起。

2. 电子电路设计与仿真工具——Multisim

本书介绍的 Multisim 是一个用于电路设计和仿真的 EDA 工具,它是加拿大 Interactive Image Technologies 公司于 1988 年推出电子线路仿真与设计 EDA 软件 EWB 的升级版。EWB 以其强大的功能在我国得到广泛的推广应用。Multisim 9 与 EWB 相比在功能上有了较大的改进,提供了标准的实际元件库、RF 库、功能强大品种齐全的仿真仪器和各种分析方法。

3. PLD 设计工具

Altera、Xilinx 和 Lattice 公司为最有代表性的 PLD 厂家。全球 PLD/FPGA 产品 60%以上是由 Altera 和 Xilinx 提供的。

① Altera 开发工具——MAX+plus Ⅱ 和 Quartus Ⅱ 是较成功的 PLD 开发平台。

② Xilinx 是 FPGA 的发明者。开发软件为 Foundation 和 ISE。

③ Lattice 是 ISP(In—System Programmability)技术的发明者。与 Altera 和 Xilinx 相比,其开发工具比 Altera 和 Xilinx 略逊一筹。Lattice 中小规模 PLD 比较有特色,大规模 PLD 的竞争力还不够强(Lattice 没有基于查找表技术的大规模 FPGA),是第三大可编程逻辑器件供应商。

Altera 公司是全球最大的可编程逻辑器件供应商之一。主要产品有:MAX3000/7000,MAX Ⅱ,FLEX6000,FLEX8000,APEX20K,ACEX1K,Cyclone,Stratix,Cyclone Ⅱ,Stratix Ⅱ 等。Altera 公司针对 FPGA/CPLD 器件推出了相应的设计软件,目前主要是第三代的 MAX＋plus Ⅱ 和第四代的 Quartus Ⅱ。作为 Altera 公司的最新一代集成设计环境,Quartus Ⅱ 支持 Altera 公司目前流行的所有主流 FPGA/CPLD 的设计开发,并引入了一系列的新特性,如支持 RLT View,综合效率更高,可以进行功耗估算等。

EDA 工具繁多,为便于读者选用合适的 EDA 软件,现将部分软件介绍列入表 1.1 中。

表 1.1　　　　　　　　　　　　　　部分 EDA 软件

EDA 工具	功　　能
Protel	画电路图、印制电路板图
Multisim2001	模拟、数字及混合电路仿真、分析
Pspice	模拟、数字及混合电路仿真分析
MaxplusII	CPLD 设计、仿真、下载
MATLAB	矩阵运算、高级绘图、控制系统分析
DSCH	数字电路仿真、分析
Micowind	电子集成电路板图设计及模拟

EDA 技术涉及面广,内容丰富,从教学和实用的角度看,究竟应掌握些什么内容呢?

编者认为,主要应掌握如下四个方面的内容:① 大规模可编程逻辑器件;② 硬件描述语言;③ 软件开发工具;④ 实验开发系统。其中,大规模可编程逻辑器件是利用 EDA 技术进行电子系统设计的载体,硬件描述语言是利用 EDA 技术进行电子系统设计的主要表达手段，软件开发工具是利用 EDA 技术进行电子系统设计的智能化的自动化设计工具，实验开发系统则是利用 EDA 技术进行电子系统设计的下载工具及硬件验证工具。

　　EDA 技术是电子设计领域的一场革命，目前正处于高速发展阶段，每年都有新的 EDA 工具问世，我国 EDA 技术的应用水平长期落后于发达国家，因此，广大电子工程人员应该尽早掌握这一先进技术，这不仅是提高设计效率的需要，更是我国电子工业在世界市场上生存、竞争与发展的需要。

第 2 章　可编程逻辑器件

本章要点

- 可编程逻辑器件的基本结构、分类、特点。
- CPLD、FPGA 器件的基本原理、编程方式。
- 可编程逻辑器件设计流程。

本章难点

- CPLD、FPGA 器件各自的特点、区别。
- 编程实现的方式。

本章主要介绍了可编程器件（PLD）的基本原理、结构、分类以及可编程逻辑器件设计的一般流程，重点介绍了复杂可编程逻辑器件（CPLD）、现场可编程门阵列（FPGA）的编程和配置方法，介绍了 Altera 公司的相应典型器件，以及各器件的基本结构和工作原理。

2.1　可编程逻辑器件

可编程逻辑器件（Programmable Logic Device，PLD）是 20 世纪 70 年代发展起来的一种新的集成器件。它可由用户根据自己要求来构造逻辑功能的数字集成电路，用户利用计算机辅助设计，即用原理图或硬件描述语言（HDL）等方法来表示设计思想，经过编译和仿真，生成相应的目标文件，再由编程器或下载电缆将设计文件配置到目标器件中，可编程器件（PLD）变成能满足用户要求的专用集成电路，同时还可以利用 PLD 的可重复编程能力，随时修改器件的逻辑，通过软件来实现电路的逻辑功能，而无须改变硬件电路。与中小规模通用型集成电路相比，用 PLD 实现数字系统，有集成度高、保密性好、速度快、功耗小、可靠性高等优点，与大规模专用集成电路相比，用 PLD 实现数字系统，具有研制周期短、先期投资少、无风险、修改逻辑设计方便的优势。PLD 的这些优点使得 PLD 技术在 90 年代得到了飞速的发展，已成为电子设计领域中最具活力和发展前途的一项技术。

2.1.1　可编程逻辑器件的发展历程

可编程逻辑器件的发展过程大致如下。

（1）20 世纪 70 年代，熔丝编程的 PROM 和 PLA 器件是最早的可编程逻辑器件。

（2）70 年代末，对 PLA 进行了改进，AMD 公司推出 PAL 器件。

（3）80 年代初，Lattice 公司发明电可擦写的、比 PAL 使用更灵活的 GAL 器件。

（4）80 年代中期，Xilinx 公司提出现场可编程概念，同时生产出了世界上第一片 FPGA。

（5）80 年代末，Lattice 公司又推出在系统可编程技术，并且推出了一系列具备在系统可编程能力的 CPLD 器件。

（6）进入 90 年代后，可编程逻辑集成电路技术进入飞速发展时期。器件的可用逻辑门数超过了百万门，并出现了内嵌复杂功能模块（如加法器、乘法器、RAM、CPU 核、DSP 核、PLL 等）的 SoPC（System on Programmable Chip）。

2.1.2 PLD 的分类

可编程逻辑器件的分类没有一个统一的标准。目前生产 PLD 的厂家主要有 Altera、Lattice、Xilinx、Actel 等公司。按其结构的复杂程度及性能的不同，可编程逻辑器件一般可分为四种：SPLD、CPLD、FPGA 及 ISP 器件。

1. 简单可编程逻辑器件

简单可编程逻辑器件（Simple Programmable Logic Device，SPLD）是可编程逻辑器件的早期产品。最早出现在 20 世纪 70 年代，主要是可编程只读存储器（PROM）、可编程逻辑阵列（PLA）、可编程阵列逻辑（PAL）及通用阵列逻辑（GAL）器件等。这些器件目前使用不多，这里不再介绍，读者可查阅有关资料。

2. 复杂可编程逻辑器件

复杂可编程逻辑器件（Complex Programmable Logic Device，CPLD）出现在 20 世纪 80 年代末期。其结构上不同于早期 SPLD 的逻辑门编程，而是采用基于乘积项技术和 E^2PROM（或 Flash）工艺的逻辑块编程，不但能实现各种时序逻辑控制，更适合做复杂的组合逻辑电路。如 Altera 公司的 MAX 系列，Lattice 公司的大部分产品，Xilinx 公司的 XC9500 系列等。

3. 现场可编程门阵列

现场可编程门阵列（Field Programmable Gate Array，FPGA）是由美国 Xilinx（赛灵思）公司率先开发的一种通用型用户可编程器件。FPGA 与 SPLD 和 CPLD 的结构完全不同，它不包括与门和或门，目前应用最多的 FPGA 是采用对基于查找表技术和 SRAM 工艺的逻辑块编程来实现所需的逻辑功能的。同 CPLD 相比，它的逻辑块的密度更高、触发器更多、设计更灵活，多用于大规模电路的设计，尤其更适合做复杂的时序逻辑。但由于 FPGA 采用的是 SRAM 工艺，掉电后数据会丢失，因此实际应用时还须外挂一个 E^2PROM 或 Flash Memory 来存储编程数据。典型的器件如 Altera 公司的所有 FLEX、ACEX、APEX、Cyclone（飓风）、Stratix 系列，Xilinx 的 Spartan、Virtex 系列等。

2.2 复杂可编程逻辑器件

复杂可编程器件（CPLD）基本结构与 PAL/GAL 相仿，是基于与或阵列的乘积项结构，但集成度要高得多。CPLD 大都是由 E^2PROM 和 Flash 工艺制造的，可反复编程，一上电就可以工作，无须其他芯片配合。

Altera 公司是全球最大的 CPLD 和 FPGA 供应商之一，它的 PLD 器件和开发软件在国内应用非常广泛，本节将以 Altera 公司应用较为广泛的 MAX7000 系列器件为例来介绍复杂可编程器件（CPLD）。

2.2.1　Altera 公司 MAX7000 系列

1. 概述

　　MAX7000 系列是高密度、高性能的 CMOS CPLD，是在 Altera 公司的第二代 MAX 结构基础上构成，采用了 CMOS E^2PROM 技术制造的，MAX7000 系列 CPLD 包括了从含有 32 个宏单元的 7032 到含有 512 个宏单元的 7512 一系列芯片。同时它又可细分为 MAX7000，MAX7000E，MAX7000S，MAX7000A 四个品种。MAX7000E 是在 MAX7000 的基础上，加强了几方面的特性，如：附加全局时钟信号，附加输出使能控制，增加连线资源和快速的输入寄存器等。MAX7000S 则是在 MAX7000E 的基础上，增加了 ISP 在系统可编程技术、JTAG 边界扫描测试以及开漏输出选择等特性。而 MAX7000A 则在 MAX7000S 的基础上，增强了 ISP 性能，包括快速编程的 ISP 算法，确保全部编程的 ISP 工作位以及在系统编程期间 I/O 脚上的上拉电阻等。MAX7000 系列可以用于混合电压的系统中，其开发系统主要是 Altera 公司的 MAX+PLUSII 及 QuartusII 软件。

2. MAX7000 系列器件的结构

　　MAX7000CPLD 的总体结构及外引脚如图 2.1 所示。

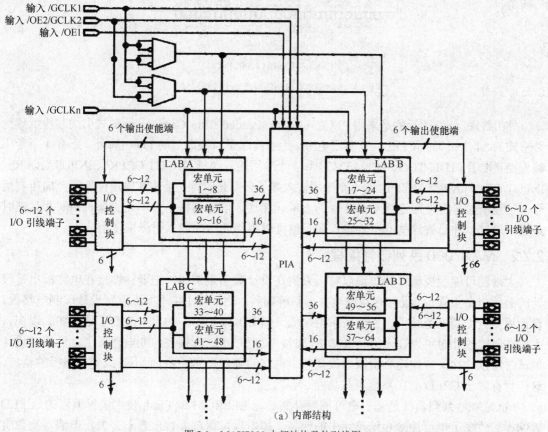

（a）内部结构

图 2.1　MAX7000 内部结构及外引线图

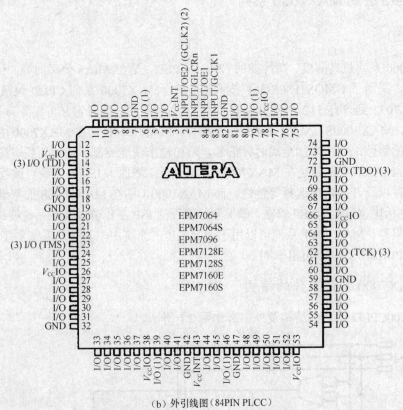

（b）外引线图（84PIN PLCC）

图 2.1　MAX7000 内部结构及外引线图（续）

外引线图（b）所示的是采用 PLCC（Plastic Leaded Chip Carrier）塑料式引线芯片承载封装形式的 84 个引脚的 CPLD，它除了电源、地引线端子以及通用的 I/O 引脚外，还有 4 个专用编程控制端子（TDI、TDO、TCK、TMS）和 4 个专用输入端子（INPUT/GCLK1、INPUT/GCLRn、INPUT/OE1、INPUT/OE2）。这 4 个专用输入端子分别是时钟、清零和输出使能等全局控制信号，这几个信号有专用连线与 CPLD 的宏单元相连，信号到每个宏单元的延时相同并且延时最短。通过软件设置这些专用的输入端子也可以用作通用的输入引脚来使用。

2.2.2　MAX7000 系列器件编程

大规模可编程逻辑器件出现以前，人们在设计数字系统时，把器件焊接在电路板上是设计的最后一个步骤。当设计存在问题并得到解决后，设计者往往不得不重新设计印制电路板。设计周期被无谓地延长了，设计效率也很低。CPLD 和 FPGA 的出现改变了这一切。现在，人们在逻辑设计时可以在未设计具体电路时，就把 CPLD 焊接在印制电路板上，然后在设计调试时可以一次又一次随心所欲地改变整个电路的硬件逻辑关系，而不必改变电路板的结构，这一切有赖于 CPLD 的在系统下载功能。

MAX7000 系列器件是基于电可擦除存储单元 EEPROM 或 Flash 技术进行编程的。CPLD 被编程后改变了电可擦除存储单元中的信息，掉电后可保持编程信息不丢失，但编写次数有限，编程的速度不快。

CPLD 的编程可以使用专用的编程设备，也可使用下载电缆，进行在系统编程（ISP）。在系统编程 ISP（In System Programming）就是当系统上电并正常工作时，通过下载电缆，如 Altera 公司的 Byteblaster（MV）并行下载电缆，连接 PC 的并行打印口和需要编程的 CPLD 拥有的 ISP 接口直接对其进行编程，器件在编程后立即进入正常工作状态。Byteblaster（MV）下载电缆与 Altera 器件的接口一般是 10 芯的接口，引脚对应关系如图 2.2 所示，10 芯连接信号如表 2.1 所示。

图 2.2 10 芯接口

表 2.1 10 芯接口各引脚信号名称

引脚	1	2	3	4	5	6	7	8	9	10
PS 模式	DCK	GND	CONF_DONE	V_{CC}	nCONFIG	—	nSTATUS	—	DATA0	GND
JATG 模式	TCK	GND	TDO	V_{CC}	TMS	—	—	—	TDI	GND

这种 CPLD 编程方式的出现，改变了传统的使用专用编程器编程方法的诸多不便。图 2.3 所示是 Altera CPLD 器件的 ISP 编程连接图，其中 Byteblaster（MV）与计算机并口相连。MV 即混合电压的意思。

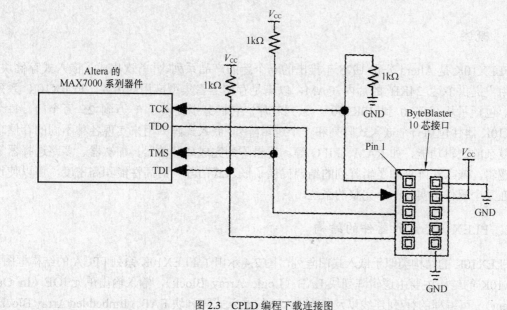

图 2.3 CPLD 编程下载连接图

必须指出，Altera 的 MAX7000 系列 CPLD 是采用 IEEE1149.1JTAG（Joint Test Action Group）接口方式对器件进行在系统编程的，在图 2.3 中与 Byteblaster 的 10 芯接口相连的是 TCK、TDO、TMS 和 TDI 这 4 条 JTAG 信号线。JTAG 接口本来是用来做边界扫描测试（Board Scan Test，BST）来测试电路板上集成电路芯片能力的，现在把它用做编程接口则可以省去专用的编程接口，减少系统的引出线。由于 JTAG 是工业标准的 IEEE1149.1 边界扫描测试的访问接口，用做编程功能有利于各可编程逻辑器件编程接口的统一。编程标准 IEEE1532，对 JTAG 编程方式进行标准化统一。

2.3 现场可编程门阵列

现场可编程门阵列（FPGA）是 20 世纪 80 年代出现的一种新型可编程逻辑器件。它由若干独立的可编程逻辑模块组成，用户可以通过编程将这些模块连接成所需要的数字系统。因为这些模块的排列形式和门阵列（Gate Array）中单元的排列形式相似，所以沿用了门阵列的名称。FPGA 属高密度的 PLD，其集成度非常高，多用于大规模逻辑电路的设计。

FPGA 就其技术特性而言可分两大类：一类是基于反熔丝（Anti-Fuse）技术的 FPGA，如 Actel，Quicklogic 的部分产品就采用这种工艺。它不能重复擦写，所以初期开发过程比较麻烦，费用也较高。但反熔丝技术也有许多优点：布线能力更强，系统速度更快，功耗更低，同时抗辐射能力强，耐高温，可加密等，在军事及航空航天的有特殊要求的领域运用较多。另一类是基于查找表（Look-Up Table，LUT）技术和 SRAM 工艺的 FPGA，它使用的最为广泛，也是我们学习的重点，本节是以 Altera 公司的基于 LUT 技术和 SRAM 工艺的 FLEX10K 系列器件为例来介绍 FPGA 的基本结构和原理。

2.3.1 Altera 公司 FLEX10K 系列

1. 概述

FLEX10K 是 Altera 公司 1995 年推出的一个新的产品系列，并首次集成了嵌入式存储块，可为用户提供多达 24KB 的片内 RAM，以满足存储器密集型应用的需要。FLEX10K 系列 FPGA 包括了从 10K10 到 10K250 一系列芯片，它们分别提供了 1 万到 25 万个门，每个 FLEX10K 器件包括一个嵌入式阵列和一个逻辑阵列。嵌入式阵列用来实现各种不同的存储功能或复杂的逻辑功能，如 RAM、FIFO 等。逻辑阵列完成如计数器、加法器、多路选择器等通用逻辑。嵌入式阵列和逻辑阵列的结合提供了嵌入式门阵列的高性能和高密度，可以使设计者在某个器件上实现一个完整的系统。

2. FLEX10K 系列器件的结构

FLEX10K 的结构类似于嵌入式门阵列，图 2.4 示出了 FLEX10K 系列 FPGA 的结构框图。FLEX10K 的结构主要由逻辑阵列块 LAB（Logic Array Block），输入输出单元 IOE（In Out Element），可编程的行/列连线以及带有 RAM 的嵌入式阵列块 EAB（Embedded Array Block）等几部分组成。LAB 和 EAB 是 FPGA 的最主要结构，它们由可编程行/列连线相连接，这些连线同样也连接着芯片的输入/输出管脚。

由于 LUT 主要适合 SRAM 工艺生产，所以目前大部分 FPGA 都是基于 SRAM 工艺的，而 SRAM 工艺的芯片在掉电后信息就会丢失，一定需要外加一片专用配置芯片，在上电的时候，由这个专用配置芯片把数据加载到 FPGA 中，然后 FPGA 就可以正常工作，由于配置时间很短，不会影响系统正常工作。也有少数 FPGA 采用反熔丝或 Flash 工艺，对这种 FPGA，就不需要外加专用的配置芯片。

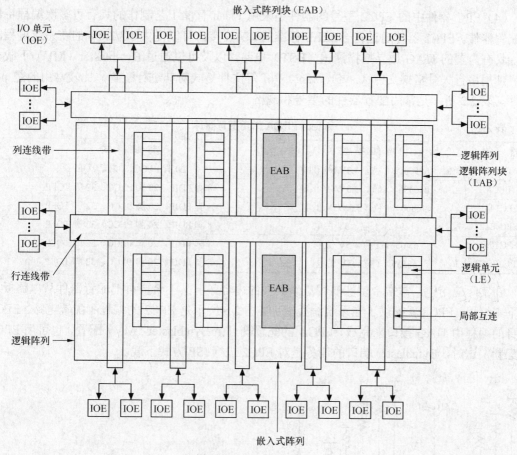

图 2.4 FLEX10K 内部结构

2.3.2 现场可编程门阵列 FPGA 的配置

FPGA 的配置是指经过用户设计输入并经过开发系统编译后产生的配置数据文件，将其装入 FPGA 芯片内部的可配置存储器的过程，即 FPGA 器件编程数据的下载。只有经过逻辑配置后，FPGA 才能实现用户需要的逻辑功能。

Altera 公司的 FPGA 器件有两类配置下载方式：主动配置方式和被动配置方式。主动配置方式由 FPGA 器件引导配置操作过程，它控制着外部存储器和初始化进程；而被动配置方式则由外部计算机或控制器控制配置过程。FPGA 在正常工作时，它的配置数据（下载进去的逻辑信息）存储在 SRAM 中。由于 SRAM 的易失性，每次加电时，配置数据都必须重新下载。在实验系统中，通常由计算机或控制器进行调试，因此可以使用被动配置方式。而在实用系统中，多数情况下必须由 FPGA 主动引导配置操作过程，这时 FPGA 将主动从专用存储芯片中获得配置数据，而此芯片中的 FPGA 配置信息是用普通编程器将设计所得的 POF 格式的文件烧录进去的。这些配置模式是通过 FPGA 上的两个模式选择引脚 MSEL1 和 MESL0 上设定的电平来决定的。

Altera 公司提供了一系列 FPGA 专用配置器件，即 EPC 型号的存储器，它们的特点是：

（1）配置电流很小，器件正常工作时，EPC 器件为零静态电流，不消耗功率。

（2）适用于 3.3V/2.0V 多种接口电压工作，提供 DIP、PLCC 和 TQFP 多种封装形式。

（3）MAX+PLUSII 和 Quartus 等开发软件均提供对 EPC 器件的支持。

（4）EPC 器件中的 EPC2 型号的器件是采用 Flash 存储工艺制作的具有可多次编程特性的配置器件。EPC2 器件通过符合 IEEE 标准的 JTAG 接口可以提供 3.3/2.0V 的在系统编程能力；具有内置的 JTAG 边界扫描测试（BST）电路，以及可以通过 Byteblaster（MV）下载电缆，使用串行矢量格式文件（.svf）、Jam、Pof 等文件格式对其进行配置，比较常用的是 pof 文件。表 2.2 所示是常用配置器件的型号和规格。

表 2.2　　　　　　　　　　　　　　　　Altera FPGA 常用配置器件

器　　　件	功　能　描　述	封　装　形　式
EPC2	1695680×1 位，3.3V/5V 供电	20 脚 PLCC、32 脚 TQFP
EPC1	1046496×1 位，3.3V/5V 供电	8 脚 PDIP、20 脚 PLCC、32 脚 TQFP
EPC1441	440800×1 位，3.3V/5V 供电	8 脚 PDIP、20 脚 PLCC、32 脚 TQFP
EPC1212	212942×1 位，5V 供电	8 脚 PDIP、20 脚 PLCC、32 脚 TQFP
EPC1064	65 636×1 位，5V 供电	8 脚 PDIP、20 脚 PLCC、32 脚 TQFP
EPC1064V	65536×1 位，5V 供电	8 脚 PDIP、20 脚 PLCC、32 脚 TQFP

在实际应用中，常常希望能随时更新其中的内容，但又不希望再把配置器件从电路板上取下来编程。EPC2 就提供了在系统编程能力。图 2.5 所示是 EPC2 的编程和配置电路。EPC2 本身的编程由 JTAG 接口来完成，FPGA 的配置既可由 Byteblaster（MV）配置，也可用 EPC2 来配置，这时，Byteblaster 端口的任务是对 EPC2 进行 ISP 方式下载。

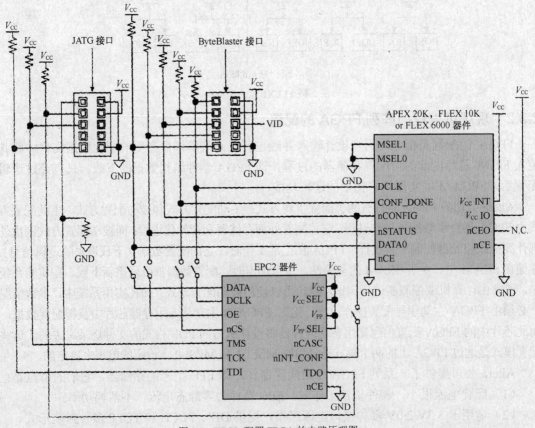

图 2.5　EPC2 配置 FPGA 的电路原理图

2.3.3　Altera 公司其他 FPGA 产品简介

Altera 公司是著名的可编程逻辑器件生产厂商，多年来一直占据着行业领先的地位。它的 FPGA 产品具有高性能、高集成度和高性价比的优点，因此获得了广泛的应用。下面简单介绍一下其他常用的 FPGA 产品。

（1）FLEX6000 采用 5V/3.3V SRAM 工艺，属较低价格的 FPGA 产品，结构与 FLEX10K 类似，但不带嵌入式存储块 EAB，目前已很少使用，逐渐被 ACEX1K 和 Cyclone 取代。

（2）ACEX1K 是 2000 年推出的 2.5V 低价格 SRAM 工艺的 FPGA，结构与 FLEX10K 类似带嵌入式存储块 EAB，部分型号带锁相环 PLL，主要有 1K10、1K30、1K50、1K100 等几种类型。

（3）APEX20K 是 1999 年推出的采用 2.5V/1.8V SRAM 工艺的 FPGA，带 EAB、PLL、内容寻址寄存器 CAM、低电压差动信号 LVDS，其规模从 3 万门到 150 万门不等。

（4）APEXII 是 APEX 的高密度 SRAM 工艺的 FPGA，规模超过 APEX，支持 LVDS、PLL、CAM，用于高密度设计。

（5）Stratix 是 Altera 公司最新一代 SRAM 工艺大规模 FPGA，内嵌 DSP 模块，每个 DSP 模块可实现 4 个 9×9 乘法/累加器，内部 RAM 块可以另加奇偶校验位，其芯片内部结构比 Altera 以前的产品有较大的变化。

（6）Cyclone（飓风）是 Altera 公司最新一代 SRAM 工艺中等规模 FPGA，与 Stratix 结构类似，是一种低成本、高性能的 FPGA。

FPGA 和 CPLD 的主要区别是：FPGA 是高速度、高密度的可编程逻辑器件，它采用 SRAM 进行功能配置，编程速度快并可重复编程，但系统掉电后，SRAM 中的数据会丢失。因此，需在 FPGA 外加 EPROM，将配置数据写入其中，系统每次上电自动将数据引入 SRAM 中。FPGA 器件含有丰富的触发器资源，易于实现时序逻辑，如果要求实现较复杂的组合电路则需要几个 CLB 结合起来实现，因此它更适合于实现大规模的时序逻辑功能。

CPLD 器件一般采用 EEPROM 存储技术，也可重复编程但速度较慢，系统掉电后，EEPROM 中的数据不会丢失，无须外加配置芯片，适于数据的保密。CPLD 的与或阵列结构，使其适于实现大规模的组合功能，但触发器资源相对较少。

2.4　可编程逻辑器件的设计流程

可编程逻辑器件的设计是指利用开发软件和编程工具对器件进行开发的过程。它包括设计准备、设计输入、设计处理和器件编程 4 个步骤以及相应的功能仿真、时序仿真和器件测试 3 个设计验证过程。设计流程如图 2.6 所示。

1.　设计准备

在对可编程逻辑器件的芯片进行设计之前，设计者要根据任务的要求，进行功能描述及逻辑划分，按所设计任务的形式划分为若干模块，并画出功能框图，确定输入和输出管脚。再根据系统所要完成功能的复杂程度，对工作速度和器件本身的资源、连线的可布通性等方面进行权衡，选择合适的设计方案。

在前面已经介绍过，数字系统的设计方法通常采用从顶向下的设计方法，这也是基于芯片的系统设计的主要方法。由于高层次的设计与器件及工艺无关，而且在芯片设计前就可以用软件仿真手段验证系统可行性，因此它有利于在早期发现结构设计中发现错误，避免不必要的重复设计，提高设计的一次成功率。自顶向下的设计采用功能分割的方法从顶向下逐次进行划分，这种层次化设计的另一个优点是支持模块化，从而可以提高设计效率。

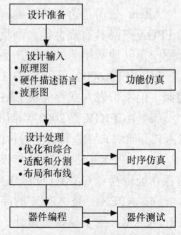

图 2.6 可编程逻辑器件的设计流程

2. 设计输入

设计者将所设计的系统或电路以开发软件要求的某种形式表现出来，送入计算机的过程称为设计输入。设计输入通常有以下几种方式。

（1）原理图输入方式

这是一种最直接的输入方式，它使用软件系统提供的元器件库及各种符号和连线画出原理图，形成原理图输入文件。这种方式大多用在对系统及各部分电路很熟悉的情况，或在系统对时间特性要求较高的场合。当系统功能较复杂时，输入方式效率低。它的主要优点是容易实现仿真，便于信号的观察和电路的调整。

（2）硬件描述语言输入方式

硬件描述语言用文本方式描述设计，它分为普通硬件描述语言和行为描述语言。

普通硬件描述语言有 ABEL-HDL、CUPL 等，它们支持逻辑方程、真值表、状态机等逻辑表达方式，目前在逻辑电路设计中已较少使用。

行为描述是目前常用的高层次硬件描述语言，有 VHDL 和 Verilog-HDL 等，它们都已成为 IEEE 标准，并且有许多突出的优点，如工艺的无关性，可以在系统设计、逻辑验证阶段便可确立方案的可行性，如语言的公开可利用性，使它们便于实现大规模系统的设计等。同时硬件描述语言具有较强的逻辑描述和仿真功能，而且输入效率高，在不同的设计输入库之间转换非常方便。因此，运用 VHDL、Verilog-HDL 硬件描述语言设计已是当前的趋势。

（3）原理图和硬件描述语言混合输入方式

原理图和硬件描述语言混合输入方式是一种层次化的设计输入方法。在层次化设计输入中，硬件描述语言常用于底层的逻辑电路设计，原理图常用于顶层的电路设计。这是在设计较复杂的逻辑电路时的一种常用的描述方式。

（4）波形输入方式

波形输入主要用于建立和编程波形设计文件及输入仿真向量和功能测试向量。

波形设计输入适合于时序逻辑和有重复性的逻辑函数。系统软件可以根据用户的输入/输出波形自动生成逻辑关系。

波形编辑功能还允许设计者对波形进行复制、剪切、粘贴、重复与伸展，从而可以用内部节点、触发器和状态机建立设计文件，并将波形进行组合，显示各种进制的状态值，还可以通过将一组波形重叠到另一组波形上，对两组仿真结果进行比较。

3. 设计处理

这是器件设计中的核心环节。在设计时，编译软件将对设计输入文件进行逻辑化简、综合和优化，并适当地用一片或多片器件自动进行适配，最后产生编程用的编程文件。

（1）语法检查和设计规则检查。设计输入完成之后，在编译过程首先进行语法检验，如检查原理图有无漏连信号线，信号有无双重来源，文本输入文件中的关键字有无输错等各种语法错误，并及时列出错误信息报告供设计者修改；然后进行设计规则检验，检查总的设计有无超出器件资源或规定的限制并将编译报告列出，指明违反规则情况供设计者纠正。

（2）逻辑优化和综合。化简所有的逻辑方程和用户自建的宏，使设计所占用的资源最少。综合的目的是将多个模块设计文件合并为一个网表文件，并使层次化设计平面化（即展平）。

（3）适配和分割。确定优化以后的逻辑能否与器件中的宏单元和 I/O 单元适配，然后将设计分割为多个适配的逻辑小块形式影射到器件相应的宏单元中。如果不能装入一片器件时，可以将整个设计自动分割成多块并装入同一系列的多片器件中去。

（4）布局和布线。布局和布线工作是在设计检验通过以后由软件自动完成的，它能以最优的方式对逻辑元件布局，并准确地实现元件间的互连。

布线以后软件会自动生成布线报告，提供有关设计中各部分资源的使用情况等信息。

（5）生成编程数据文件。设计处理的最后一步是产生可供器件编程使用的数据文件。对 CPLD 来说，是产生熔丝图文件，即 JEDEC 文件（电子器件工程联合制定的标准格式，简称 JED 文件）；对于 FPGA 来说，是生成位数据文件（Bitstream Generation）。

4. 设计校验

设计校验过程包括功能仿真和时序仿真，这两项工作是在设计处理过程中间同时进行的。

功能仿真又称为前仿真，此时的仿真没有延时信息，对于初步的功能检测非常方便。仿真前，要先利用波形编辑器或硬件描述语言等建立波形文件或测试向量（即将所关心的输入信号组合成序列），仿真结果将会生成报告文件和输出信号波形，从中便可以观察到各个节点的信号变化。若发现错误，则返回设计输入中修改逻辑设计。

时序仿真又称后仿真或延时仿真。由于不同器件的内部延时不一样，不同的布局、布线方案也给延时造成不同的影响，设计后，对系统和各模块，分析其时序关系，估计设计的性能以及消除竞争冒险是必要的。这是和器件实际工作情况基本相同的仿真。

5. 器件编程

器件编程是指将编程数据下载到可编程逻辑器件中去。

对 CPLD 器件来说是将 JED 文件"下载（Down Load）"到 CPLD 器件中去，对 FPGA 来说是将位流数据 BG 文件"配置"到 FPGA 中去。

器件编程需要满足一定的条件，如编程电压、编程时序和编程算法等。较早的 CPLD 器件和一次性编程的 FPGA 需要专用的编程器完成器件的编程工作。采用在系统可编程技术的器件则不需要专用的编程器，只要一根下载编程电缆就可以了。基于 SRAM 的 FPGA 还要由 EPROM、Flash Memory 或其他专配置芯片进行配置。

综上所述，对于利用 FPGA/CPLD 实现的逻辑电路系统，其设计人员必须具备 3 种基本知识：一是要了解 FPGA/CPLD 器件的结构和性能，二是熟悉 FPGA/CPLD 器件常用的开发工具软件，三是要熟练掌握利用 FPGA/CPLD 器件设计电子系统的描述方法。

本章小结

可编程逻辑器件（PLD）按结构不同及复杂程度可分为 SPLD、CPLD、FPGA 等器件。

简单可编程逻辑器件（SPLD）是可编程逻辑器件的早期产品，包括 PROM、PAL、PLA、GAL 等。可编程逻辑器件的互连结构有确定型和统计型，其编程特性有一次可编程和编程两种。

复杂可编程逻辑器件（CPLD）与简单 PLD 器件的门编程不同，以宏为基础，采用逻辑块编程。本章介绍了 Altera 公司 MAX7000 系列 CPLD，它是高密度、高性能 CMOS PLD。现场可编程逻辑门阵列（FPGA）器件采用逻辑单元阵列结构，静态随机存取存储工艺，设计灵活，集成度高，可重复编程，并可现场模拟调试验证。本章介绍了 Altera 公司 FLEX10K FPGA 芯片采用了嵌入式存及 SRAM 结构，由嵌入式阵列块、逻辑阵列块、快速互连、输入输出单元等部分组成，由于采用 SRAM 编程元件，有掉电易失性。

FPGA 采用 SRAM 进行功能配置，可重复编程，但系统掉电后，SRAM 中的数据丢失。因此，需在 FPGA 外加 EPROM，将配置数据写入其中，系统每次上电自动将数据引入 SRAM 中。CPLD 器件一般采用 EEPROM 存储技术，可重复编程，并且系统掉电后，EEPROM 中的数据不会丢失，适于数据的保密。FPGA 器件含有丰富的触发器资源，易于实现时序逻辑，如果要求实现较复杂的组合电路则需要几个 CLB 结合起来实现。CPLD 的与或阵列结构，使其适于实现大规模的组合功能，但触发器资源相对较少。

可编程逻辑器件的设计流程包括设计准备、设计输入、设计处理和器件编程 4 个步骤及相应的功能仿真（前仿真）、时序仿真（后仿真）和器件测试 3 个设计验证过程。

思考题与习题

1. 简单可编程逻辑器件有几种类型？
2. 现场可编程门阵列 FPGA 常用的配置器件有哪些？
3. 简述复杂可编程器件 CPLD 的编程下载过程。
4. FPGA 和 CPLD 各有哪些特点？
5. FPGA 和 CPLD 之间有何区别？
6. 简述可编程逻辑器件的设计流程。
7. MAX7128 系列的结构主要由那几部分组成？它们之间有什么联系？
8. Altera 公司 MAX7000 系列与 FLEX10K 系列 CPLD 各有什么特点？

第 3 章　Quartus II 设计软件的应用

本章要点

- 熟练掌握 Quartus II 软件的使用方法。
- 熟悉常用设计输入、编译、仿真、管脚分配及器件下载方法。
- 可编程逻辑器件的基本设计流程。

本章难点

- 可编程逻辑器件的基本设计流程。
- 软件设计中常用的几种输入方法。

Quartus II 是美国 Altera 公司推出的可编程设计软件，由设计输入、设计处理、设计校验和编程下载 4 个部分组成。本章将介绍 Quartus II 软件的功能、特点以及设计应用电路的基本方法。其中重点介绍原理图和 VHDL 文本设计输入法、编译选项的一般设置、仿真分析方法和定时分析方法以及设计配置文件编程下载到器件的基本方法。

3.1　概述

3.1.1　Quartus II 软件简介

Quartus II 是 Altera 公司的综合性 PLD 开发软件，支持原理图、VHDL、VerilogHDL、AHDL（Altera Hardware Description Language）等多种设计输入形式，内嵌自有的综合器以及仿真器，可以完成从设计输入到硬件配置的完整 PLD 设计流程，且提供了完善的用户图形界面设计方式，具有运行速度快，界面统一，功能集中，易学易用等特点。

图 3.1　Quartus II 图标

Quartus II 支持 Altera 的 IP 核，包含了 LPM/MegaFunction 宏功能模块库，使用户可以充分利用成熟的模块，简化了设计的复杂性，加快了设计速度。对第三方 EDA 工具的良好支持也使用户可以在设计流程的各个阶段使用熟悉的第三方 EDA 工具。

此外，Quartus II 通过和 DSP Builder 工具与 Matlab/Simulink 相结合，可以方便地实现各种 DSP 应用系统；支持 Altera 的片上可编程系统（SOPC）开发，集系统级设计、嵌入式软件开发、可编程逻辑设计于一体，是一种综合性的开发平台。

3.1.2　Quartus II 软件的安装

（1）把 Quartus II 7.2 安装光盘放入计算机的光驱中，在自动出现的光盘安装目录中选择安装 Quartus II 软件和 Megacore IP library 两项，安装光盘将自动引导完成软件的安装。

（2）软件安装完成之后，在软件中指定 Altera 公司的授权文件（License.dat），才能正常使用。

（3）授权文件可以在 Altera 的网页上 http://www.altera.com 申请或者购买获得。

（4）安装 Altera 的硬件驱动程序。驱动程序存放在 Quartus Ⅱ 安装目录下的…quartus\drivers 文件夹中。驱动安装后才能将设计结果通过计算机的通信接口编程下载到目标芯片中。

3.1.3　Quartus Ⅱ 软件的用户界面

启动 Quartus Ⅱ 软件后默认的界面主要由标题栏、菜单栏、工具栏、资源管理窗口、编译状态显示窗口、信息显示窗口、工程工作区等部分组成。

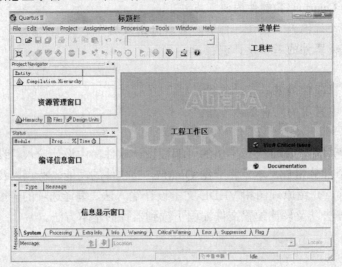

图 3.2　Quartus Ⅱ 软件的用户界面

标题栏： 标题栏中显示当前工程的路径和工程名。

菜单栏： 菜单栏主要由文件（File）、编辑（Edit）、视图（View）、工程（Project）、资源分（Assignments）、操作（Processing）、工具（Tools）、窗口（Window）、帮助（Help）等下拉菜单组成。

工具栏： 工具栏中包含了常用命令的快捷图标。

资源管理窗口： 资源管理窗口用于显示当前工程中所有相关的资源文件。

工程工作区： 当 Quartus Ⅱ 实现不同的功能时，此区域将打开对应的操作窗口，显示不同的内容，进行不同的操作，如器件设置、定时约束设置、编译报告等均显示在此窗口中。

编译状态显示窗口： 此窗口主要显示模块综合、布局布线过程及时间。

信息显示窗口： 该窗口主要显示模块综合、布局布线过程中的信息，如编译中出现的警告、错误等，同时给出警告和错误的具体原因。

3.1.4　Quartus Ⅱ 的开发流程

按照一般编程逻辑设计的步骤，利用 Quartus Ⅱ 软件进行开发是可以分为以下 4 个步骤。

（1）输入设计文件。

（2）编译设计文件。

（3）仿真设计文件。

（4）编程下载设计文件。

3.2 Quartus II 的基本操作

3.2.1 Quartus II 原理图输入法

应用数字逻辑电路的基本知识，使用 Quartus II 原理图输入法可以非常方便地进行数字系统的设计。下面以一个 3 人表决器的设计为例，说明 Quartus II 原理图输入法的使用方法。

1. 建立工程文件夹

（1）新建一个文件夹作为工程项目目录。首先在计算机中建立一个文件夹作为工程项目目录，此工程目录不能是根目录，如 D:，只能是根目录下的目录，如 D:\EDA_book\code\Chapter3\BiaoJueQi。

（2）建立工程项目。运行 Quartus II 软件，执行"File"→"New Project Wizard"命令，建立工程，如图 3.3 所示。

在图 3.4 所示界面中单击"Next"按钮。

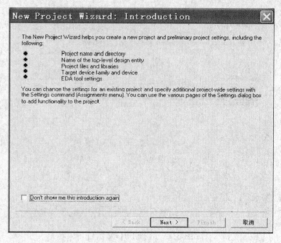

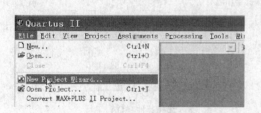

图 3.3 执行"New Project Wizard"命令　　　　图 3.4 New Project Wizard 对话框

在所弹出的如图 3.5 所示的 New Project Wizard 对话框中，填写 Directory，Name，Top-Level Entity 等项目。其中第 1 个～第 3 个文本框分别是工程项目目录、项目名称和项目顶层设计实体的名称。

单击"Next"按钮，出现添加工程文件的对话框，如图 3.6 所示。

若原来已有文件，可选择相应文件，直接单击"Next"按钮进行下一步，选择 FPGA 器件的型号，如图 3.7 所示。

在 Family 下拉框中，根据需要选择一种型号的 FPGA，如 Cyclone 系列 FPGA。然后在"Available devices:"中根据需要的 FPGA 型号选择 FPGA 型号，如"EP1C3T144C8"，注意在 Filters 一栏中选中"Show Advanced Devices"以显示所有的器件型号。再单击"Next"按钮，出现如图 3.8 所示对话框。

图 3.5　工程项目基本设置

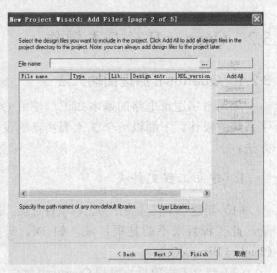

图 3.6　添加工程文件的对话框

图 3.7　选择 FPGA 器件

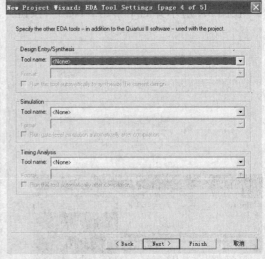

图 3.8　选择其他 EDA 工具

对于弹出的其他 EDA 工具的对话框，由于我们使用 Quartus Ⅱ的集成环境进行开发，因此不要做任何改动。单击"Next"按钮进入工程的信息总概对话框，如图 3.9 所示。

单击"Finish"按钮就建立了一个空的工程项目。

2. 编辑设计图形文件

（1）建立原理图文件。执行"File"→"New"命令，弹出新建文件对话框，如图 3.10 所示。

如图 3.11 所示，Quartus Ⅱ支持 6 种设计输入法文件。

"AHDL File"是 AHDL 文本文件。

"Block Diagram/Schematic File"，是流程图和原理图文件，简称原理图文件。

"EDIF File"是网表文件。

"SOPC Builder System"是可编程片上系统的编辑系统。

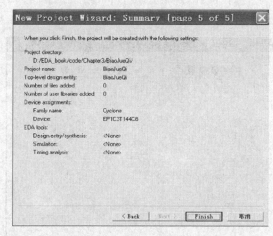

图 3.9　信息总概对话框

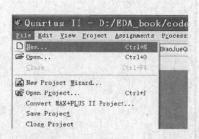

图 3.10　执行 File=>New 命令

"Verilog HDL File"是 Verilog HDL 文本文件。

"VHDL File"是 VHDL 文本文件。

选中"Block Diagram/Schematic File"，按"OK"按钮即建立一个空的原理图文件。

执行"File"→"Save as"命令，把它另存为文件名是"BiaoJueQi"的原理图文件，文件后缀为.bdf。将"Add file to current project"选项选中，使该文件添加到刚建立的工程中去，如图 3.12 所示。

图 3.11　新建文件对话框

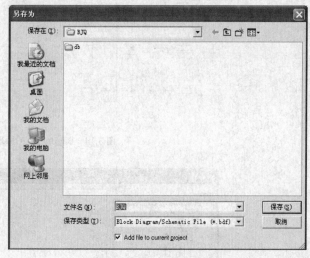

图 3.12　将文件添加到工程中

（2）编辑输入原理图文件。图形编辑界面如图 3.13 所示，其右侧的空白处就是原理图的编辑区，在这个编辑区输入图 3.14 所示的 BiaoJueQi 原理图。

① 元件的选择与放置。在原理图编辑区的一个位置双击鼠标的左键，将弹出 Symbol 对话框，或单击鼠标右键，在弹出的选择对话框中选择"Insert"→"Symbol..."，也会弹出 Symbol 对话框。不要选中 Symbol 对话框中 Repeat-insert mode（重复—插入模式）和 insert symbol as block（作为流程图模块插入符号）复选框，即采用默认的一次性插入作为原理图元件的符号。用单击的方法展开 Libraries 栏中的元件库，如图 3.15 所示，其中 primitive s 为基本元件库，

打开 logic 子库，单面是常用的与门、或门、非门等门电路。

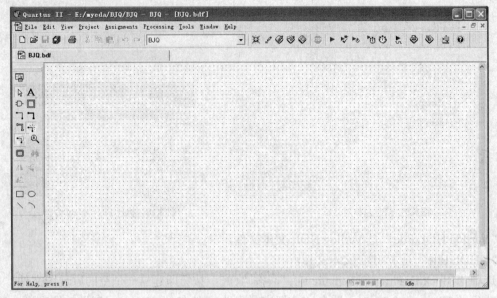

图 3.13　图形编辑界面

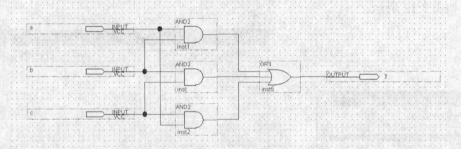

图 3.14　BiaoJueQi 的原理图

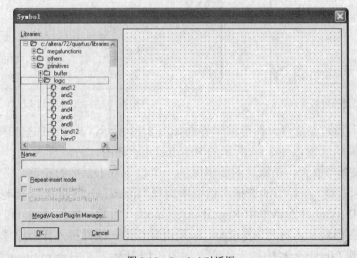

图 3.15　Symbol 对话框

在图 3.16 中，选择其中的二输入与门元件 and2，然后单击"OK"按钮。
出现图 3.17 所示的图样。

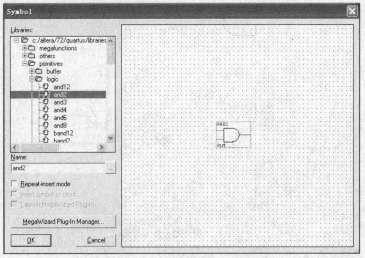

图 3.16　选择 and2 元件　　　　　　　　　　　　　　图 3.17　放置元件时的鼠标

将该图样移到编辑区合适的地方左击鼠标，就可放置一个二输入与门元件，如图 3.18 所示。
右击与门元件符号，在出现的菜单中选择"Copy"命令，如图 3.19 所示。

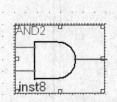

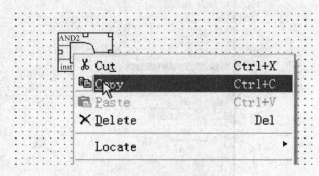

图 3.18　放置元件后　　　　　　　　　　　　图 3.19　复制元件符合

将鼠标移到编辑区合适的地方右击鼠标，在弹出的菜单中选择"Paste"命令，如图 3.20 所示。

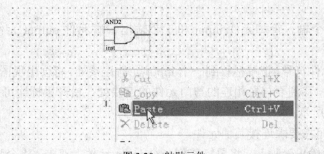

图 3.20　粘贴元件

就可通过复制—粘贴的方法获得另两个二输入与门元件，如图 3.21 所示。

用相似的方法选择放置一个二输入或门元件符号，如图 3.22 所示。

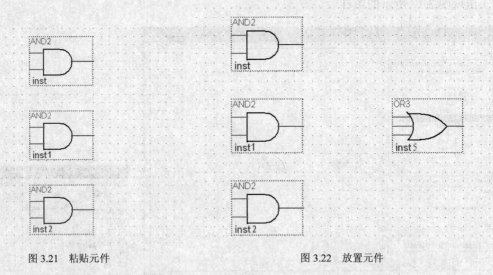

图 3.21　粘贴元件　　　　　　　　　　　图 3.22　放置元件

再打开 primitives 基本元件库的 pin 子库，如图 3.23 所示。

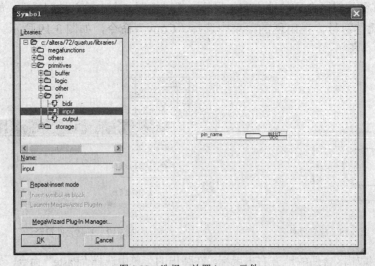

图 3.23　选择、放置 input 元件

选择、放置 3 个输入管脚元件 input 和 1 个输出管脚元件 output 元件到编辑区内，如图 3.24 所示。

② 连接各个元件符号。把鼠标移到一个 input 元件连接处，将会出现图 3.25 所示的图样。

单击鼠标左键，移到要与之相连的与门元件的连接处，松开鼠标即可连接这两个要连接的元件，如图 3.26 所示。

用同样的方法可按要求连接其他元件。

③ 设定各输入输出管脚名。将鼠标移到一个 input 元件上双击，将会弹出图 3.27 所示的管脚属性编辑对话框。在 Pin name 文本框中填入管脚名 a。

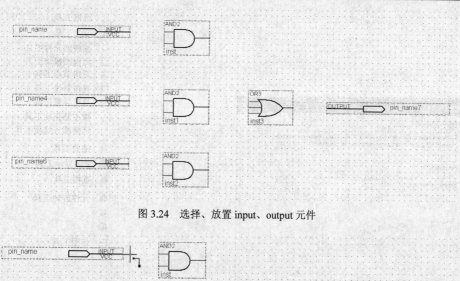

图 3.24　选择、放置 input、output 元件

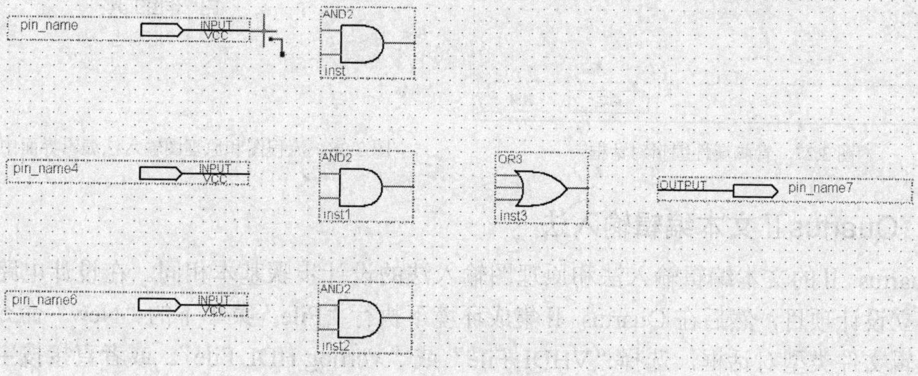

图 3.25　连接元件时的鼠标

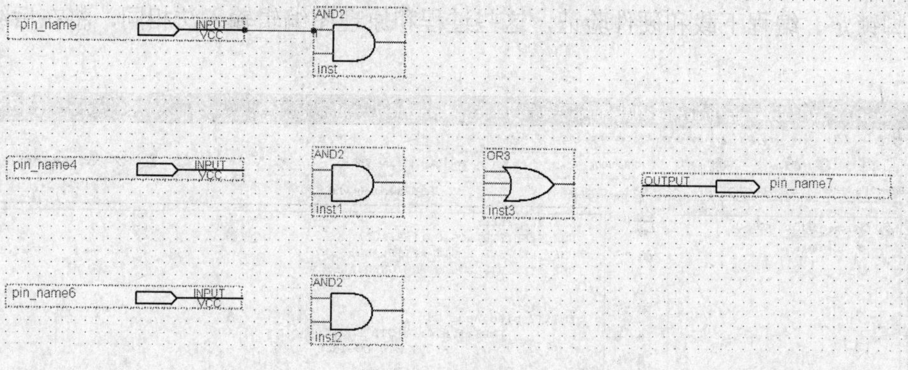

图 3.26　连接元件

用相似的方法设定其他管脚名。完成的电路图如图 3.14 所示。

在 Quartus II 流程图和原理图文件中，除了使用原理图元件符号外，还可以使用流程图模块，对于初学者可先掌握原理图元件符号的使用，以后再探讨流程图模块的使用，这里对流程图模块不做介绍。

在流程图和原理图输入法编辑界面中的左边，有供编辑输入时使用的工具箱，各个工具的功能如图 3.28 所示。

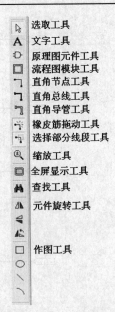

选取工具
文字工具
原理图元件工具
流程图模块工具
直角节点工具
直角总线工具
直角导管工具
橡皮筋拖动工具
选择部分线段工具
缩放工具
全屏显示工具
查找工具
元件旋转工具

作图工具

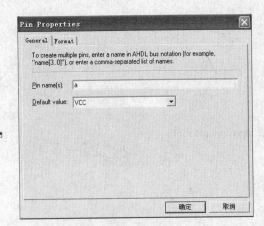

图 3.27　管脚属性编辑对话框

图 3.28　流程图和原理图输入法编辑界而中的工具箱

3.2.2　QuartusⅡ文本编辑输入法

　　Quartus Ⅱ的文本编辑输入法和原理图输入法的设计步骤基本相同。在设计电路时，首先要建立设计项目，然后在 Quartus Ⅱ集成环境下执行"File"菜单下的"New"命令，在弹出的编辑文件类型对话框，选择"VHDL File"或"Verilog HDL File"。或者直接按主窗口上的"创建新的文本文件"按钮，进入 Quartus Ⅱ文本编辑方式，其界面如图 3.29 所示，在文本编辑窗口中完成 VHDL 或 Verilog HDL 设计文件的编辑，然后再对设计文件进行编译、仿真、引脚锁定、编程下载和硬件验证，这些过程和原理图编辑输入法相同，将在后续章节一并讲解。

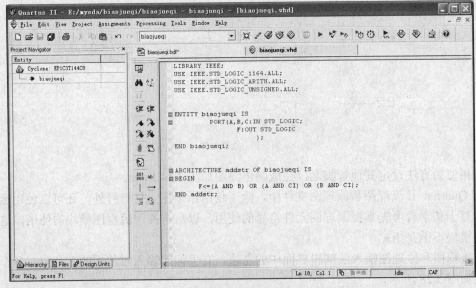

图 3.29　文本编辑界面

3.3　设计项目的编译与仿真

3.3.1　项目的编译

　　完成编辑输入后，保存设计文件，就可编译设计文件。执行"Processing"→"Start Compilation"，如图 3.30 所示，进行编译。编译结束后，会出现图 3.31 所示的对话框，对话框会显示编译的错误和警告的情况。若有错误，则可先双击编译器界面下方出现的第一个错误提示，可使第一个错误处改变颜色。检查纠正第一个错误后保存再编译，如果还有错误，重复以上操作，直至最后通过。最后通过时，应没有错误提示但可有警告提示，如图 3.31 所示。

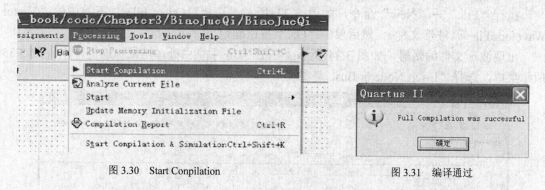

图 3.30　Start Conpilation

图 3.31　编译通过

　　可以通过查看编译报告了解有关情况，比如定时分析情况，图 3.32 所示为编译报告中关于每个输出信号对输入信号的延迟时间的报告。

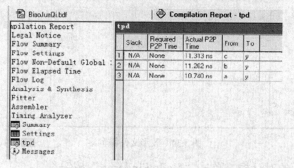

图 3.32　输出信号对输入信号的延迟时间的报告

　　以上是使用 Quartus Ⅱ 编译器默认设置进行的编译方法，还可以先根据需要进行进一步的编译设置，然后再编译，具体方法参考 Quartus Ⅱ 帮助文档。

3.3.2　项目的功能仿真与时序分析

1.　新建用于仿真的波形文件

　　如图 3.33 所示，Quartus Ⅱ可建立和编辑的文件有器件设计文件"DeviceDesign File"、其他文件"Other File"两类。器件设计文件"Device Design File"有 6 种，以上已做介绍，用于仿真的波形文件则属于其他文件"Other File"。

图 3.33　选择 Vector Waveform File

执行"File"→"New"命令，如图 3.33 所示，选择"Other Files"标签中的"Vector WaveformFile"（波形文件），然后单击"OK"按钮确定。

出现波形文件编辑器，如图 3.34 所示。在图 3.34 中空白处单击鼠标右键，出现图 3.35 所示菜单，选择"Insert Node or Bus…"命令。

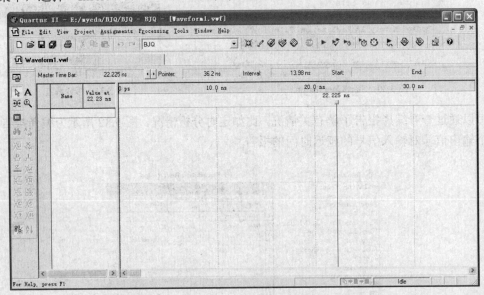

图 3.34　波形文件编辑器

出现图 3.36 所示的对话框，单击"Node Finder…"按钮。

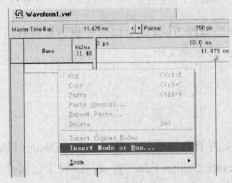

图 3.35　选择"Insert Node or Bus…"命令

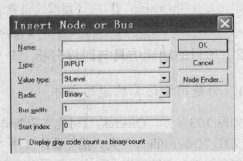

图 3.36　单击"Node Finder…"按钮

在出现的图 3.37 所示的对话框中单击"List"按钮。

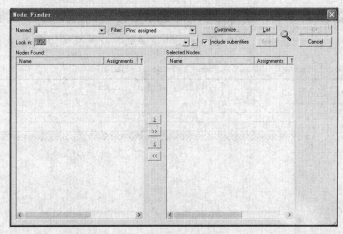

图 3.37　单击 List 按键

选择需要的输入/输出引脚，如图 3.38 所示。

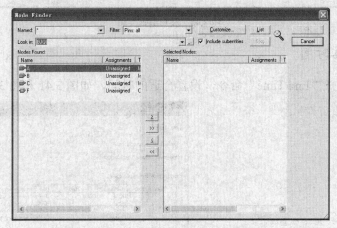

图 3.38　选择需要的输入/输出引脚

如图 3.39 所示，单击选中的按键，选中需要的输入/输出引脚。

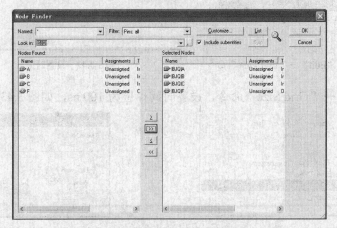

图 3.39　选中需要的输入/输出引脚

然后，单击两次确定按钮，出现图 3.40 所示的画面。

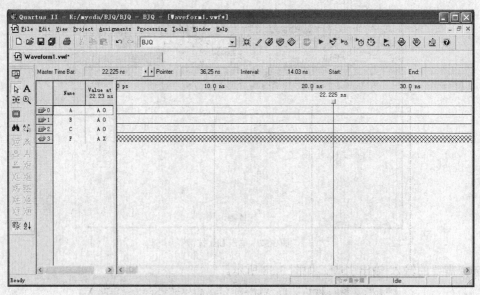

图 3.40　波形编辑界面

2. 设置仿真时间

执行"Edit"→"End Time"命令，设置合适的时间，如图 3.41 和图 3.42 所示。

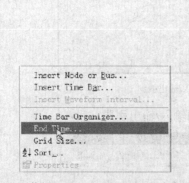

图 3.41　执行"Edit"→"End Time"命令

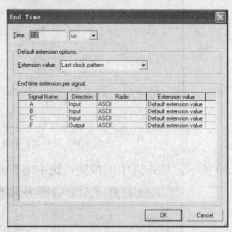

图 3.42　设置时间

执行"Edit"→"Grid Size"命令，设置时间单位为 100 ns，如图 3.43 和图 3.44 所示。

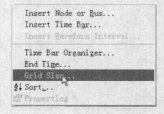

图 3.43　执行"Edit"→"Grid Size"命令

图 3.44　设置时间单位

3. 设置输入信号波形

单击工具箱中缩放工具按钮，将鼠标移到编辑区内，单击鼠标，调整波形区横向比例，如图 3.45 所示。

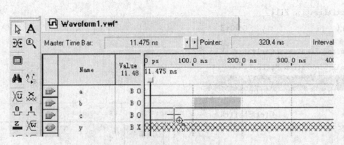

图 3.45　调整波形区横向比例

单击工具箱中的选择按钮，然后在要设置波形的区域上按下鼠标左键并拖动鼠标，选择要设置的区域，如图 3.46 所示。

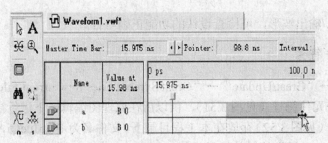

图 3.46　选择要设置的区域

单击工具箱中高电平设置按钮，将该区域设置为高电平，如图 3.47 所示。
用相似的方法设置其他区域的波形，如图 3.48 所示，注意图 3.48 波形与真值表相对应。

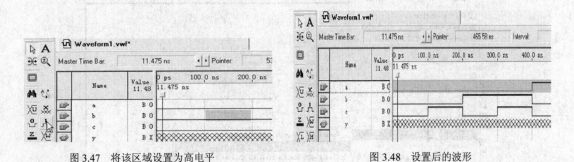

图 3.47　将该区域设置为高电平　　　　　　　　图 3.48　设置后的波形

4. 进行功能仿真

设置输入信号后，保存文件，文件名与设计文件名一致。执行"Processing"→"Start Simulation"命令，进行仿真，如图 3.49 所示。

仿真结果如图 3.50 所示。

图 3.49　Start Simulation

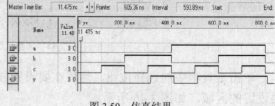

图 3.50　仿真结果

认真核对输入/输出波形，可检查设计的功能正确与否。

5. 生成元件符号

执行 "File" → "Great/Update" → "Great Symbol Files for Current File" 命令，将本设计电路封装生成一个元件符号（见图 3.51），供以后在原理图编辑器下进行层次设计时调用。

所生成的符号（见图 3.52）存放在本工程目录下，文件名为 BiaoJueQi，文件后缀名为.bsf，调用方法与 Quarius Ⅱ 提供的元件符号相似。

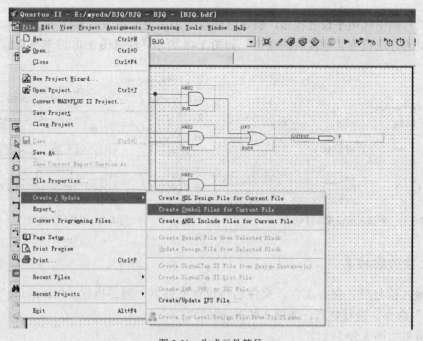

图 3.51　生成元件符号

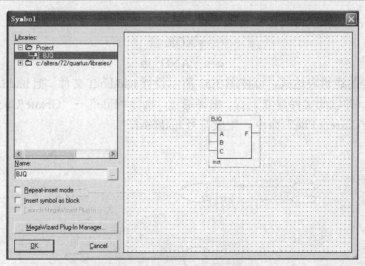

图 3.52　BiaoJueQi 元件符号

3.4　层次化设计输入法

层次化设计也称"自顶向下"设计方法，即将一个大的设计项目分解为若干子项目或若干层次来完成。划分是从顶层由高往下，而设计则可先设计底层的电路，然后在高层次的设计中，逐级调用低层次的设计结果。原理图输入法可很方便地进行层次化设计。

【例 3.1】用层次化设计设计一个两位二进制数乘法器。

1．系统分析

两位二进制数相乘，最多可得四位二进制数，其乘法运算如下：

$$
\begin{array}{r}
a0 \quad a1 \\
\times \quad b0 \quad b0 \\
\hline
a1b0 \quad a0b0 \\
+a1b1 \quad a0b1 \\
\hline
m3 \quad m2 \quad m1 \quad m0
\end{array}
$$

其中，$m0=a0\&b0$　　　　　　　　　$m1=a1\&b0+a0\&b1$

　　　　　　　　$m2=a1\&b1+$进位 $c1$　　　　$m3=$进位 $c2$

由此可知，系统可分解为两个半加器和几个与门。

2．底层电路半加器设计

半加器的真值表如表 3.1 所示。

表 3.1　　　　　　　　　　　半加器电路真值表

a	b	s	c
0	0	0	0
0	1	1	0
1	0	1	0
1	1	0	1

由半加器的真值表可得，半加器的逻辑表达式如下：

$$s = a \text{ XOR } b$$
$$c = a \text{ AND } b$$

根据半加器的逻辑表达式，可按图 3.53 所示设计 hadd.bdf 文件。把 hadd.bdf 文件存放到文件夹 hadd 内，并以此文件建立工程，编译通过，执行"File"→"Greate/Update"→"Greate Symbol Files for Current File"命令，生成符号 hadd.bsf。

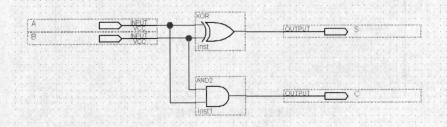

图 3.53　半加器原理图

3. 顶层电路两位二进制数乘法器设计

根据系统分析所得结论，可按图 3.54 所示设计两位二进制数乘法器电路。

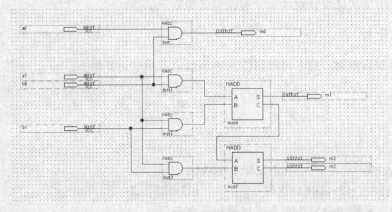

图 3.54　顶层电路

新建一个工程文件夹 mult2，把 hadd.bdf，hadd.bsf 文件放入其中，新建一个原理图文件，使用插入符号命令，出现选择符号的界面，选择 hadd.bsf 将它放置于原理图编辑区中，以 mult2.bdf 命名并保存到 mult2 文件夹中。以此文件新建工程。按图 3.54 所示调出其他有关元件并按图连线，保存、编译并通过仿真。通过编译仿真，其仿真波形如图 3.55 所示。

本例的底层电路符号用原理图设计输入法设计后生成，还可以用文本设计输入法设计后生成，这样的设计方法称混合设计输入法。

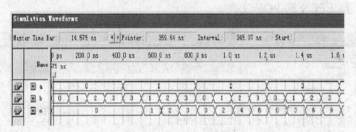

图 3.55 例 3.1 仿真波形

3.5 器件的下载编程

使用 Quartus Ⅱ软件成功编译工程之后，就可以对 Altera 器件进行编程或配置，进而进行硬件测试。Quartus Ⅱ Compiler 的 Assembler 模块生成 POF 和 SOF 编程文件，Quartus Ⅱ Programmer 可以用编程文件与 Altera 编程硬件一起对器件进行编程或配置。还可以使用 Quartus Ⅱ Programmer 的独立版本对器件进行编程可配置。

1. 编程硬件与编程模式

所使用的 Altera 编程硬件口可以是 MasterBlaster，ByteBlasterMV，ByteBlaster Ⅱ或 USB-Blaster 下载电缆或 Altera 编程单元（APU）。国内许多开发板和实验箱使用 ByteBlasterMV 或 ByteBlaster Ⅱ下载电缆。

Programmer 具有 4 种编程模式：被动串行模式（PS Mode）、JTAG 模式、主动串行编程模式（AS Mode）和插座内编程模式（In-Socket）。

被动串行和 JTAG 编程模式使用 Altera 编程硬件对单个或多个器件进行编程。主动串行编程模式使用 Altera 编程硬件对单个 EPCS1 或 EPCS4 串行配置器件进行编程。插座内编程模式使用 Altera 编程硬件对单个 CPLD 或配置器件进行编程。

2. 器件设置和引脚的锁定

如果编程前没有进行器件的选择和引脚的锁定或需要重新进行器件的选择和引脚的锁定则可按照下列步骤进行。

（1）器件的选择。运行 Quartus Ⅱ软件，打开所要编程、配置的电路工程文件，选择菜单"Assignments"→"Device"命令，在弹出的对话框（图 3.56）中的 Category 栏内选中 Device 项，在 Device 标签中选择所使用的器件，如使用 EPIC3T144C8。

（2）选择配置器件的工作方式（可不做）。单击图 3.56 中的"Device & Pin Options…"按钮，在弹出的窗口中选择"General"标签（见图 3.57），在"Options"栏内选中"Auto-restart Configuration after error"，可使对器件配置失败后能自动重新配置，并加入 JTAG 用户编码。Auto-restart Configuration after error 是 Quartus Ⅱ默认选择。

（3）选择配置器件（使用 EPCS 器件的主动串行编程模式时）。使用 EPCS 器件的主动串行编程模式中，需要选择配置 EPCS 器件。单击图 3.57 中的"Configuration"标签，在图 3.58 所示的"Configuration"标签中可根据开发板和实验箱中使用的选择 EPCS 器件选择 EPCS 器件。在编译前选中"Configuration"标签中的"Generate compressed bitstreams"复选框，编译后就能产生用于 EPCS 的 POF 文件。

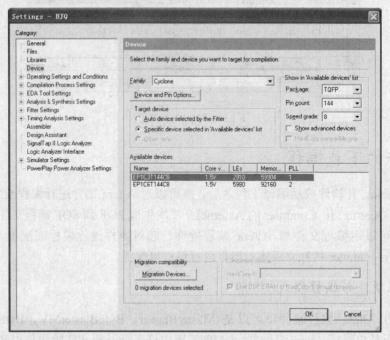

图 3.56　配置对话框

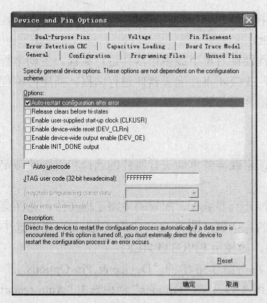

图 3.57　General 标签

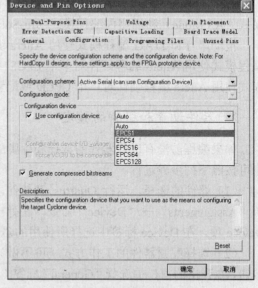

图 3.58　选择配置器件

（4）选择闲置引脚的状态（可不做）。单击图 3.57 中的"Unused Pins"标签，可选择目标器件闲置引脚的状态为输入态（高阻态，推荐）或输出状态（低电平）或输出不定状态。默认为输出状态（低电平），如图 3.59 所示。

（5）引脚的锁定。选择菜单"Assignments"→"Pins"命令，弹出管脚设置界面，如

图 3.60 所示。

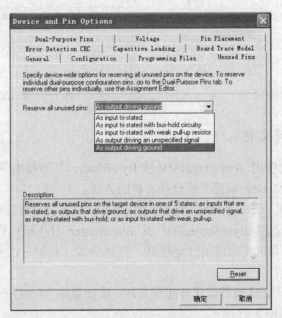

图 3.59　闲置引脚设置

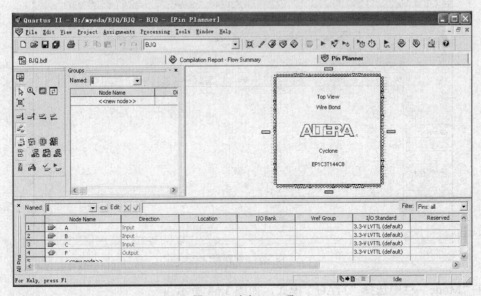

图 3.60　选中 Pins 项

　　然后双击管脚所对应的"Location"栏，在出现的图 3.61 所示的下拉列表中选择对应端口信号名的器件引脚，如对应 a，选择 PIN_3；对应 b，选择 PIN 2；对应 c，选择 PIN_1；对应 Y，选择 PIN_11，如图 3.62 所示。

　　最后单击"保存"按钮，保存引脚锁定信息，再编译一次，把引脚锁定信息编译进编译下载文件中，就可以准备将编译好的 SOF 文件或者 POF 文件下载到 FPGA 器件或者 EPCS器件。

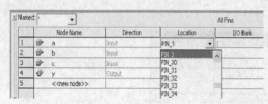

图 3.61　选择器件引脚

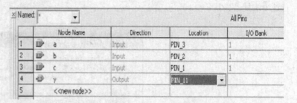

图 3.62　完成选择器件引脚

3. 编程下载设计文件

下面只介绍常用的使用 ByteBlasterMV 或 ByteBlaster Ⅱ 下载电缆，用 JTAG 模式或者主动串行编程模式（AS Mode）编程下载设计文件的方法。

（1）JTAG 模式编程下载应用 JTAG 模式可用编译好的 SOF 文件直接对 FPGA 器件进行配置。

① 硬件连接。首先用 ByteBlasterMV 或 ByteBlaster Ⅱ 下载电缆把开发板或实验箱与 Quartus Ⅱ 所安装的计算机并口通信线连接好，打开电源，具体方法要参考开发板或实验箱的有关资料。

② 打开编程窗口、选择编程模式和配置文件。选择菜单 "Tool" → "Programmer" 命令，弹出以下编程窗口，如图 3.63 所示。

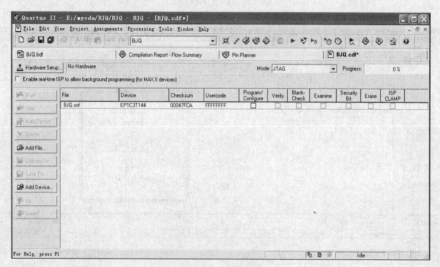

图 3.63　编程窗口

在 "Mode" 栏中选择 "JTAG" 模式，如图 3.64 所示。

核对下载文件路径和文件名。若不出现或有错，单击左侧 "Add File" 按钮，手动选择所要下载的文件。选中打钩的下载文件右侧的第一个编程项目复选框，如图 3.65 所示。

③ 设置编程器（若是初次安装时）。若是初次安

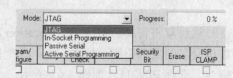

图 3.64　Mode 选择

装 Quartus，且编程窗口内右上角的地方有 No Hardware 字样，则必须加入下载方式。在图 3.66 中单击 "Hardware Setup" 按钮，弹出 Hardware Setup 对话框，如图 3.67 所示。

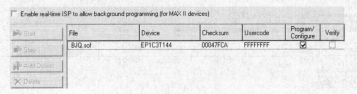

图 3.65 打钩第一个编程项目复选框

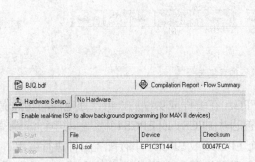

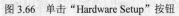

图 3.66 单击"Hardware Setup"按钮

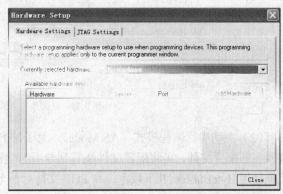

图 3.67 单击"Add Hardware"按钮

在图 3.67 所示的 Hardware Setup 对话框中，单击"Hardware Settings"标签，再单击此页中的"Add Hardware"按钮。

从弹出的 Add Hardware 对话框的 Hardware type 栏中选择 ByteBlasterMV or ByteBlaster Ⅱ，然后单击"OK"按钮，如图 3.68 所示。

在图 3.69 所示的"Hardware"栏中会出现 ByteBlasterMV 或者 ByteBlaster Ⅱ字样。究竟显示 ByteBlasterMV 还是 ByteBlaster Ⅱ字样，取决于使用的是 ByteBlasterMV 还是 ByteBlaster Ⅱ下载电缆。选择 ByteBlasterMV 或者 ByteBlaster Ⅱ，然后单击 Close 按钮。

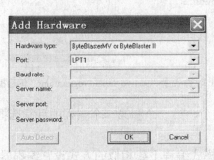

图 3.68 选择 ByteBlasterMV or ByteBlaster Ⅱ

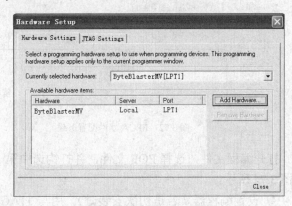

图 3.69 选择下载电缆类型

这时编程窗口内右上角的地方会出现 ByteBlasterMV 或者 ByteBlaster Ⅱ字样，如图 3.70 所示。

核对下载文件路径和文件名。若不出现或有错，单击左侧"Add File"按钮，手动选择所要下载的文件。选中打钩下载文件右侧的第一个编程项目复选框，如图 3.71 所示。

④ 配置下载。最后单击"Start"按钮，进行对目标 FPGA 器件配置下载，如图 3.72 所示。下载成功后即可进行设计电路硬件调试。

41

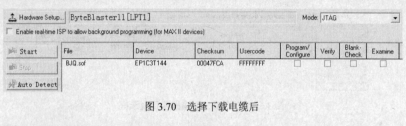

图 3.70　选择下载电缆后

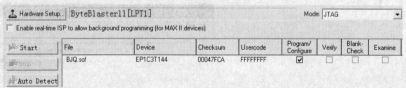

图 3.71　打钩第一个编程项目复选框

（2）主动串行编程模式（AS Mode）。为了使 FPGA 在编程成功以后，再次通电启动仍然保持原有的配置文件，可将配置文件烧写到专用的配置芯片 EPCS1 或 EPCS4 中。主动串行编程模式能使用 ByteBlaster Ⅱ下载电缆和 POF 文件对单个 EPCS1 或 EPCS4 串行配置器件进行编程。

使用此方式对 EPCS 器件编程下载时，在以上器件设置和引脚的锁定的步骤中应进行选择配置器件，根据开发板或实验箱的情况选择 EPCS1 或 EPCS4 器件。

① 硬件连接。对单个 EPCSx 配置器件进行编程时必须使用 ByteBlaster Ⅱ下载电缆。用 ByteBlaster Ⅱ下载电缆把开发板或实验箱与 Quartus Ⅱ所安装的计算机并口通信线连接好，打开电源，具体方法可参考开发板或实验箱的有关资料。

② 打开编程窗口用与 JTAG 模式编程下载相似的方式打开编程窗口。

③ 选择编程模式和配置文件。在图 3.73 所示窗口的"Mode"栏，选择"Active Serial Programming"编程模式。

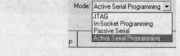

图 3.72　FPGA 器件配置下载　　　图 3.73　选择"Active Serial Programming"编程模式

打开编程文件，选择 POF 文件，并打钩选中第一个、第一个和第二个编程项目复选框，如图 3.74 所示。

④ 设置编程器（若是初次安装时）。用与 JTAG 模式编程下载相似的方式设置编程器，但注意此处使用的是 ByteBlaster Ⅱ下载电缆。

⑤ 编程下载。最后单击"Start"按钮，进行对目标 EPCSx 器件编程下载。使用这种方式编程成功以后，再次通电启动仍然保持原有的配置文件，如图 3.75 所示。

4.　设计电路硬件调试

下载成功后即可进行设计电路硬件调试。

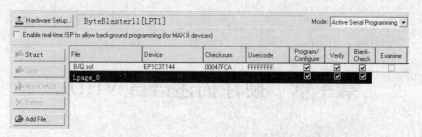

图 3.74　打钩选中第一个、第二个和第三个编程项目复选框

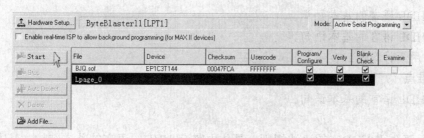

图 3.75　EPCSx 器件编程下载

本章小结

　　Quartus II 作为 Altera 的第四代 PLD 设计软件，与上一代设计软件 Maxplus II 相比不仅仅是支持器件类型的丰富和图形界面的改变。Altera 在 Quartus II 中包含了许多诸如 SignalTap II、Chip Editor 和 RTL Viewer 的设计辅助工具，集成了 SOPC 和 HardCopy 设计流程，并且继承了 Maxplus II 友好的图形界面及简便的使用方法。

　　Altera Quartus II 作为一种可编程逻辑的设计环境，由于其强大的设计能力和直观易用的接口，越来越受到数字系统设计者的欢迎。

思考题与习题

　　1．简要叙述用 Quartus II 开发可编程逻辑器件的主要流程。

　　2．层次化设计有什么优点？适用于什么样的电路？

　　3．使用波形编辑器设计一个简单的逻辑电路。如全加器。

　　4．设计一个三变量的奇偶校验器（即输入变量中"1"的个数为奇数时输出为"1"，否则为"0"）。

　　5．设计 3 个开关控制一盏灯的逻辑电路，要求合任一开关，灯亮；断任一开关，灯灭（即任一开关的合断改变原来灯亮灭的状态）。

　　6．设计一个基本 RS 触发器电路。

　　7．用两片 7490 芯片设计计数长度为 60 的计数器 CON60.bdf，并生成默认符号 CON60.bsf，并进行功能仿真。

　　8．用一片 74163 芯片，使用反馈清零法设计模小于 16 的任意进制计数器，并进行功能仿真。

　　9．用一片 74163 芯片，使用反馈置数法设计模为 10 的计数器，并进行功能仿真。

　　10．用层次化设计方法设计四位二进制加法器，并进行功能仿真。

第 4 章　硬件描述语言 VHDL

本章要点
- VHDL 语言的基本知识。
- VHDL 语言的基本语句。
- 常用设计举例。

本章难点
- VHDL 语言的基本语句。

本章主要介绍 VHDL 的语法规则，具体内容有 VHDL 语言的基本结构、基本知识、基本语句以及常用的设计举例。

4.1　概述

VHDL 语言是一种用于数字系统的设计和测试的硬件描述语言。随着集成电路系统化的不断发展和集成度的逐步提高，传统的设计输入方法（如原理图输入）已无法满足大型、复杂的系统的要求。同时电子工业的飞速发展，对集成电路提出高集成度、系统化、微尺寸、微功耗的要求，因此，高密度逻辑器件和 VHDL 便应运而生。VHDL 语言为设计输入提供了更大的灵活性，具有更高的通用性，能更有效地缩短设计周期，减少生产成本。

VHDL（VHSIC Hardware Description Language）是超高速集成电路硬件描述语言，其中的 VHSIC（Very High Speed Integrated Circuit）即超高速集成电路。VHDL 的开发始于 1981 年，由美国国防部制定，以作为各合同商之间提交复杂电路设计文档的一种标准方案，IEEE（Institude of Electrical & Electronic Engineers）从 1986 年开始 VHDL 的标准化工作，并在 1987 年 12 月发布了 VHDL 的第一个标准（IEEE.std_1076/1987），1993 年形成了标准版本（IEEE.std_1164/1993）。1995 年，我国国家技术监督局推荐 VHDL 语言作为电子设计自动化硬件描述语言的国家标准。

现在，VHDL 已成为电路设计的文档记录、设计描述的逻辑综合、电路仿真的标准，主要优点如下。

（1）是 IEEE 的一种标准，语法比较严格，便于使用、交流和推广。

（2）具有良好的可读性，既可以被计算机接受，也容易被人们所理解。

（3）可移植性好。对于综合与仿真工具采用相同的描述，对于不同的平台也采用相同的描述。

（4）描述能力强，覆盖面广。支持从逻辑门层次的描述到整个系统的描述。

（5）是一种高层次的、与器件无关的设计。设计者没有必要熟悉器件内部的具体结构。

4.2 VHDL 的基本结构

一个完整的 VHDL 程序（或称为设计实体）结构如图 4.1 所示。一个基本的 VHDL 程序至少应包括 3 个基本组成部分：库、程序包说明（Library、Use）；实体说明（Entity）和对应的结构体说明（Architecture）。

设计实体	1. Library	声明库名
	2. USE	声明程序包名
	3. ENTITY（实体说明）	定义电路设计中的输入/输出
	[GENERIC（类属说明）]	
	PORT（端口说明）	
	4. ARCHITECTURE（结构体说明）	描述电路的内部功能
	Process（进程）	
	或其他并行结构	
	5. CONFIGURATION（配置说明）	指定与实体对应的结构体

图 4.1 VHDL 的程序结构图

4.2.1 库（Library）

库是专门存放预编译程序包（Package）的地方，这样，它们就可以在其他设计中被调用。程序包（Packages）是数据类型（Data Type）和函数（Functon）、或是公共元件（Components）的集合。库的使用方法是：在每个设计的开头声明选用的库名，用 USE 语句声明所选中的逻辑单元。一经声明，该库中的元件对本设计是可见的。库可以是 VHDL 的标准库，也可以是由用户根据需要自定义的库。

库的一般格式为

```
Library  库名;
USE  库名.逻辑体名;
```

例如：

```
Library IEEE;                    --选用 IEEE 标准库
USE  IEEE.std_logic_1164.ALL;    --程序包名
USE  IEEE.std_logic_unsigned.ALL;  --ALL 表示使用库/程序包中的所有定义
USE  IEEE.std_logic_arith.ALL;
```

在 VHDL 中，两短横（--）是注释符，其有效范围是从注释符开始至行尾结束，所有被注释过的字符都不参与编译和综合。黑体字母表示关键字（Keyword），不能用作标识符。

4.2.2 实体（ENTITY）

实体用来描述设计的输入/输出信号。实体类似于原理图中的符号（Symbol），并不描述模块的具体功能。

实体的一般格式为：

```
ENTITY  实体名  IS
  [GENERIC（类属参数说明）; ]
  [PORT（端口说明）; ]
END  实体名;
```

注意：实体名可由设计者根据标识符的规则自由命名，但必须与 VHDL 程序的文件名相同。方括号中的项表示可以省略。

1. 类属参数说明

类属参数说明主要用于指定参数。

类属说明的一般格式为：

```
GENERIC (常数名: 数据类型: 设定值;
            ⋮
         常数名: 数据类型: 设定值);
例如: GENERIC (wide: int: =32;    --说明宽度为 32
             tmp: int: =5ns);   --说明延迟为 5ns
```

2. 端口说明

每一个输入/输出信号称为端口，用于将外部环境的动态信息传递给实体的具体元件。对实体的每个端口必须定义，每个端口表必须确定端口名、端口模式（MODE）及数据类型（TYPE）。

端口说明的一般格式为：

```
PORT (端口名: 端口模式 数据类型;
       ⋮
      端口名: 端口模式 数据类型);
```

（1）端口名：每个外部引脚的名称，在实体中必须是唯一的。

（2）端口模式：用来决定信号的流动方向。端口模式共有输入（IN）、输出（OUT）、双向（INOUT）和缓冲（BUFFER）4 种类型，其默认（缺省）模式为输入模式。各模式说明如表 4.1 所示。

表 4.1 　　　　　　　　　　　　　　　　　　端口模式说明

说　明　符	含　　义
输入（IN）	信号进入实体内部，内部的信号不能从该端口输出
输出（OUT）	信号从实体内部输出，不能实体内部反馈
双向（INOUT）	信号既可以进入实体内部，也可以从实体内部输出。一般用于与 CPU 的数据总线接口
缓冲（BUFFER）	信号输出到实体外部，同时也在实体内部反馈

注意：OUT 与 BUFFER 都可以定义输出端口，但它们之间是有区别的。

（3）端口类型　即端口名的数据类型。在 VHDL 语言中有多种数据类型，但在逻辑电路中一般只用到以下几种：BIT 和 BIT_VECTOR、STD_LOGIC 和 STD_LOGIC_VETOR 。

当使用标准逻辑和标准逻辑序列这两种数据类型时，在程序中必须写出库说明语句和程序包说明语句。

【例 4.1】　全加器的端口如图 4.2 所示，则其端口的 VHDL 语言描述如下。

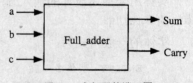

图 4.2　全加器的端口图

```
ENTITY Full_adder IS
    PORT( a,b,c: IN BIT ;
        sum,carry: OUT BIT );
END Full_adder;
```

注意：存盘的文件名为 Full_adder.VHD。

4.2.3　结构体（ARCHITECTURE）

结构体用来描述设计的具体内容。此时可将实体视为"黑盒子"（Black Box），即只知道其外貌却不明确其内部逻辑。结构体则具体描述实体的功能以及如何实现这些功能。结构体是设计描述的核心。

结构体的一般格式为：

```
ARCHITECTURE 结构体名 OF 实体名 IS
        [定义语句; ]
BEGIN
        功能描述语句;
END 结构体名;
```

结构体定义语句可定义类型、信号、元件和子程序等信息。这些信息可理解结构体的内部信息或数据，只在结构体内部有效。

BEGIN 语句指明了功能描述语句的开始。功能描述语句主要描述实体的硬件结构，包括元件间的互相联系，实体完成的逻辑功能、数据传输变换等。

结构体不能离开实体而单独存在，即使该实体是空实体。一个实体可同时具备多个结构体。实体具体使用哪个结构体，可通过配置语句来实现。

【例 4.2】　全加器的结构体描述。

```
ARCHITECTURE  adder  OF  Full_adder  IS
BEGIN
        sum<=a XOR b XOR c;
        carry<=(a AND b) OR (b AND c) OR (a AND c);
END adder;
```

注意：结构体名由设计者根据标识符规则自由命名。

4.3　VHDL 的基本知识

4.3.1　标识符（Identifiers）

标识符用来为常量、变量、信号、端口、子程序或参数等命名。由英文字母、数字、下划线组成，并必须遵守以下规则。

（1）标识符的第一个字符必须是字母。

（2）英文字母不区分大小写，也可大小写混用。

（3）最后一个字符不能是下划线，且不允许连续出现两个下划线。

（4）关键字（保留字）不能用作标识符。

（5）标识符最长可以是 32 个字符。

4.3.2　关键字（Keyword）

关键字（保留字）是 VHDL 语言中具有特别意义的单词，只能用作固定的用途，用作标识符时会发生编译错误。VHDL 语言常用的关键字如图 4.3 所示。

ABS	ACCESS	AFTER	ALL	AND
ARCHITECTURE	ARRAY	ATTRIBUTE	BEGIN	BODY
BUFFER	BUS	CASE	COMPONENT	CONSTRANT
DISCONNET	DOWNTO	ELSE	ELSIF	END
ENTITY	EXIT	FILE	FOR	FUNCTION
GENERATE	GROUP	IF	IMPURE	IN
INOUT	IS	LABEL	LIBRARY	LINKAGE
LOOP	MAP	MOD	NAND	NEW
NEXT	NOR	NOT	OF	ON
OPEN	OR	OTHERS	OUT	PACKAGE
POUT	PROCESS	PROCEDURE	PURE	RANGE
RECORD	REJECT	REM	ROPORT	ROL
ROR	SELECT	SHARED	SIGNAL	SLA
SLL	SRA	SUBTYPE	THEN	TRANSPORT
TO	TYPE	UNAFFECTED	UNITS	UNTIL
USE	VARIABLE	WAIT	WHEN	WHILE
WITH	XOR	XNOR		

图 4.3 VHDL 语言中的关键字

4.3.3 数据对象（Data Objects）

VHDL 的数据对象主要有常量、变量、信号和文件 4 种类型，必须"先说明，后使用"。VHDL 语言中的数据对象如表 4.2 所示。

表 4.2 VHDL 语言中的数据对象

名　称	含　义	说明一般格式	有　关　规　定
常量 （Constants）	固定不变的值	CONSTANT 常量名[，常量名]：数据类型[：=设置值];	由常量说明来赋值，并且只能赋值一次。有效范围由被定义的位置决定，并从被定义的位置开始
变量 （Variables）	用来存储中间数据，以便实现存储的算法	VARIABLE 变量名[，变量名]：数据类型[：=设置值];	只能在进程语句、函数语句和过程语句中使用，并且只能局部有效。 它的赋值是直接的，分配给变量的值立即成为当前值，无任何延迟时间，变量不能表达"连线"或存储元件。 采用"：="符号赋值。
信号 （Signals）	可将其理解为连接线，端口也是一种信号。它可作为中间部分，将不能直接相连的端口连接在一起，也可用于在实体间传递数据	SIGNAL　信号名：数据类型[：=设置值];	信号通常在实体、结构体和程序包中加以说明，它的赋值存在延迟。 用"〈="符号进行赋值。
文件 （Files）	存放专门类型的数值，常用于测试平台	略	略

在实际使用中，应注意变量与信号的区别。虽然 VHDL 仿真器允许变量和信号设置初始值，

但 VHDL 综合器并不会把这些信息综合进去。这是因为实际的 PLD 芯片上电后，并不能确保其初始状态的取向，因此对于时序仿真来说，设置的初始值在综合时是没有实际意义的。

4.3.4 数据类型（Ddtd Types）

VHDL 有多种数据类型，要求设计中出现的每一个量都必须有确定的数据类型。VHDL 的数据类型可分为 4 大类：标量型、复合型、寻址型、文件型。这 4 个类型中的每一个又包括许多种类型，如表 4.3 所示。

表 4.3 数据类型

名　　称	含　　义	种　　类	有 关 规 定
标量类型 （Scalar Type）	在某一时刻只对应一个值，常用来描述单值数据对象	整型 （integer）	适用的操作符有+、 -、 *、 /等； 例：singnal a，b，c，d：integer； a 〈=123；b 〈=1-2-3；c 〈=b"1011"；d 〈=o"17"；--对 b 的赋值实际也是 123，c、d 赋值时使用了库指定符。库指定符 b、o、x 分别代表二进制、八进制、十六进制数。
		实型 （real）	适合实数； 通常综合工具不支持实型，因为运算需要的资源量大。
		枚举型 （enumerated）	所谓枚举就是一个一个的列出来。
		物理型 （时间型，time）	用来描述硬件的一些重要物理特征，常用于测试单元； VHDL 语言中唯一预定义的物理型是时间：fs，ps，ns，μs，ms，sec，min，hr。
复合类型 （Composite Type）	在某一时刻可以有多个值	数组型 （array）	由一个或多个相同类型的元素集合构成，其元素可是任何单值数据类型，元素可由数组下标访问，下标起始为 0。元素排列可升序（to）和降序（downto）排列。
		记录型 （record）	由多个不同类型的元素集合而成； 记录中的每个元素可由其字段名访问。
寻址类型	类似于 C 语言中的指针		略
文件类型	常用于测试平台		略

在 VHDL 语言中，数据类型是相当严格的，不同类型的数据是不能进行运算和直接代入的，因此必须对数据进行相应的类型转换。类型变换函数通常由 VHDL 语言的程序包提供，如表 4.4 所示。

表 4.4 数据类型变换函数

程 序 包	函 数 名	功 　能
STD_LOGIC_1164	TO_STD_LOGIC_VECTOR(A) TO_BIT_VECTOR(A) TO_STD_LOGIC(A) TO_BIT(A)	由 Bit_Vector 转换成 Std_Logic_Vector 由 Std_Logic_Vector 转换成 Bit_Vector 由 Bit 转换成 Std_Logic 由 Std_Logic 转换成 Bit
STD_LOGIC_ARITH	CONV_STD_LOGIC_VECTOR(A,位长) CONV_INTEGER(A)	由 Integer、Unsigned、Signed 转换成 Std_Logic_Vector 由 Unsigned、Signed 转换成 Integer
STD_LOGIC_UNSIGNED	CONV_INTEGER(A)	由 Std_Logic_Vector 转换成 Integer

4.3.5　运算符

VHDL 语言定义了丰富的运算操作符，主要有关系运算符、算术运算符、逻辑运算符、赋值运算符、关联运算符和其他运算符等，如表 4.5 所示。

表 4.5　VHDL 的各种运算操作符

名　　称	符　　号	说　　明	适用的操作数据类型
算术操作	+	加	整数
	-	减	整数
	*	乘	一维数组
	/	除	整数、实数
	mod	取模	整数
	rem	求余	整数
	sll	逻辑左移	bit 或布尔型一维数组
	srl	逻辑右移	bit 或布尔型一维数组
	sla	算术左移	bit 或布尔型一维数组
	sra	算术右移	bit 或布尔型一维数组
	rol	逻辑循环左移	bit 或布尔型一维数组
	ror	逻辑循环右移	bit 或布尔型一维数组
	**	乘方	整数
	abs	取绝对值	整数
关系操作	=	相等	任何数据类型
	/=	不相等	任何数据类型
	<	小于	枚举与整数类型，对应的一维数组
	>	大于	枚举与整数类型，对应的一维数组
	<=	小于等于	枚举与整数类型，对应的一维数组
	>=	大于等于	枚举与整数类型，对应的一维数组
逻辑操作	and	与	bit, boolean, std_logic
	or	或	bit, boolean, std_logic
	not	非	bit, boolean, std_logic
	nand	与非	bit, boolean, std_logic
	nor	或非	bit, boolean, std_logic
	xnor	同或	bit, boolean, std_logic
	xor	异或	bit, boolean, std_logic
赋值操作	<=	信号赋值	信号（注意，同一符号有两种不同的含义）
	: =	变量赋值	变量
关联操作	=>	等效于	信号（注意，同一符号有两种不同的含义）
其他操作	+	正	整数（注意，同一符号有两种不同的含义）
	-	负	整数（注意，同一符号有两种不同的含义）
	&	连接	一维数组

在所有的运算符中，乘方（**）、取绝对值（abs）和非（not）的优先级最高，其次是乘、除、取模、求余，然后依次是正负号、连接符、移位运算符、关系运算符、逻辑运算符。

注意：矢量赋值用双引号，单比特常量用单引号。

4.3.6　属性（Attributes）

属性是关于实体、结构体、类型、信号等的特性。一个对象可以同时具有多个属性，利用属性可以使程序更加简明。

属性的一般格式为：

　　　　项目名'属性标识符

VHDL 语言预定义了大量可供用户使用的属性，如表 4.6 所示。

表 4.6　　　　　　　　　　　　　　几种常用属性

分　类	属 性 名 称	举　例
信号类	'event	例:信号 clk(std_logic 类型)的'event 属性 clk'event and clk='1'--检测时钟上升沿有效 clk'event and clk='0'--检测时钟下降沿有效 VHDL 语言还预定义了两个函数用以方便地检测信号的变化状态 rising_edge(clk)--检测时钟上升沿有效 falling_edge(clk)--检测时钟下降沿有效
数组类	'length	例:若对某数组变量定义为
数值类	'left	variable byte:bit_vector(3 downto 0); 则变量 byte 的相关属性如下:
	'right	byte'length　　　　　值为 4
	'low	byte'left　　　　　值为 3
	'high	byte'right　　　　　值为 0
范围类	' range	byte'low　　　　　值为 0
	'reverse_range	byte'high　　　　　值为 3 byte'range　　　　　值的范围 3 downto 0 byte'reverse_range　　值的范围 0 to 3

4.4　VHDL 语言的基本语句

顺序语句与并行语句是 VHDL 语言中的两大基本语句系列。

4.4.1　顺序（Sequential）语句

顺序语句用以定义进程、过程和函数语句所执行的算法，为算法描述提供方便，它只能出现在进程和子程序中。同一般的高级语言一样，顺序语句是按出现的次序被执行的。

顺序语句主要有信号赋值语句、变量赋值语句、IF 语句、CASE 语句、LOOP 语句、NEXT 语句、EXIT 语句、NULL 语句和 WAIT 语句等。

1．IF 语句

IF 语句是根据所指定的条件来确定执行哪些语句，通常有以下 3 种类型。

（1）用作门阀控制时的 IF 语句书写格式为：

```
IF（条件）THEN
   顺序处理语句;
END IF;
```

（2）用作二选择控制时的 IF 语句书写格式为：

```
IF （条件） THEN
    顺序处理语句 1;
ELSE
    顺序处理语句 2;
END  IF;
```

（3）用作多选择控制时的 IF 语句书写格式为：

```
IF  条件 1   THEN
    顺序处理语句 1;
ELSIF  条件 2  THEN
    顺序处理语句 2;
        ⋮
ELSIF   条件 N-1    THEN
    顺序处理语句 N-1;
ELSE
    顺序处理语句 N;
END  IF;
```

以上 IF 语句 3 种类型中的任一种，如果指定的条件为判断真（TRUE），则执行 THEN 后面的顺序处理语句；如果条件判断为假（FALSE），则执行 ELSE 后面的顺序处理语句。

【例 4.3】　使用 IF 语句描述图 4.4 所示的 2 选 1 电路。

```
LIBRARY  IEEE;
USE IEEE.STD_LOGIC_1164.ALL;
ENTITY mux2 IS
  PORT(a,b,en:IN BIT;
       c:OUT BIT );
END mux2;
ARCHITECTURE aa OF mux2 IS
BEGIN
  PROCESS(a,b)
  BEGIN
    c<=b;
    IF (en='1') THEN
      c<=a;
    END IF;
  END PROCESS;
END aa;
```

图 4.4　2 选 1 电路

从上面的程序可以观察到，VHDL 程序多采用缩进式形式。保存时文件名与实体名（为了增强程序的可读性,实体名多取描述"电路名称的英文+数字"）必须一致，后缀用 vhd。在上例中保存时的文件名用"mux2.vhd"。

【例 4.4】　用 IF-THEN-ELSE 语句描述同样的 2 选 1 电路。

```
LIBRARY  IEEE;
USE IEEE.STD_LOGIC_1164.ALL;
ENTITY mux2 IS
  PORT(a,b,en:IN BIT;
```

```
         c:OUT BIT);
     END mux2;
     ARCHITECTURE aa OF mux2 IS
     BEGIN
       PROCESS(a,b)
       BEGIN
           IF (en='1') THEN
             c<=a;
           ELSE
             c<=b;
           END IF;
       END PROCESS;
     END aa;
```

【例 4.5】　用 IF-THEN-ELSIF-THEN-ELSE 语句描述图 4.5 所示的 4 选 1 电路。

```
     LIBRARY  IEEE;
     USE IEEE.STD_LOGIC_1164.ALL;
     ENTITY mux4 IS
       PORT( input:IN STD_LOGIC_VECTOR(3 DOWNTO 0);
             en:IN STD_LOGIC_VECTOR(1 DOWNTO 0);
             y:OUT STD_LOGIC);
     END mux4;
     ARCHITECTURE aa OF mux4 IS
     BEGIN
        PROCESS(input,en)
        BEGIN
            IF (en="00") THEN
              y<=input(0);
            ELSIF (en="01") THEN
              y<=input(1);
            ELSIF (en="10") THEN
              y<=input(2);
            ELSE
              y<=input(3);
            END IF;
        END PROCESS;
     END aa;
```

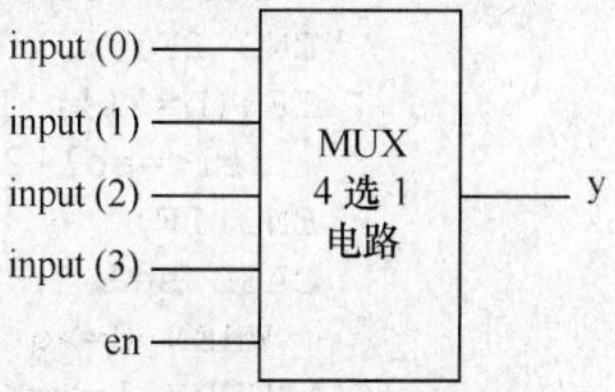

图 4.5　4 选 1 电路

该结构体描述的功能是通过 IF 语句的条件判断,决定当 en="00"时,y=input(0);当 en="01"时,y=input(1);当 en="10"时,y=input(2);否则 y=input(3)。

2.　CASE 语句

CASE 语句用来描述总线或编码、译码的行为。它是 VHDL 提供的另一种形式的条件控制语句。CASE 语句与 IF 语句的相同之处在于:它们都是根据某个条件在多个语句中进行选择;不同之处在于:CASE 语句是根据某个表达式的值来选择执行的,而 IF 语句是根据条件的真、假来选择执行的。

CASE 语句的一般格式为:

```
    CASE 表达式 IS
```

```
          WHEN  条件表达式 1=>顺序处理语句 1;
          WHEN  条件表达式 2=>顺序处理语句 2;
      END  CASE;
```

此外，条件表达式还可有如下的表示形式：

```
WHEN 值=>顺序处理语句;                    --单个值
WHEN 值 | 值 | 值 |...| 值=>顺序处理语句; --多个值的"或"
WHEN 值 TO 值=>顺序处理语句;              --一个取值范围
WHEN OTHERS=>顺序处理语句;                --其他所有的缺省值
```

当 CASE 和 IS 之间的表达式的取值满足指定的条件表达式的值时，程序将执行后面跟的，由=>指定的顺序处理语句。在 CASE 语句中的选择必须是唯一的，即计算表达式所得的值必须且只能是 CASE 语句中的一支。CASE 语句中支的个数没有限制，各分支的次序也可以任意排列，但关键字 OTHERS（表示其他可能的取值）的分支例外，一个 CASE 语句最多只能有一个 OTHERS 分支，并且该分支必须放在 CASE 语句的最后一个分支的位置上。

【例 4.6】　用 CASE 语句描述图 4.6 所示的 4 选 1 电路。

```
LIBRARY IEEE;
USE IEEE.STD_LOGIC_1164.ALL;
ENTITY mux4 IS
   PORT(a,b,i0,i1,i2,i3:IN STD_LOGIC;
        q:OUT STD_LOGIC);
END mux4;
ARCHITECTURE bb OF mux4 IS
   SIGNAL sel:INTEGER RANGE 0 TO 3;
BEGIN
   PROCESS(a,b,i0,i1,i2,i3)
   BEGIN
     sel<=0;
     IF (a='1') THEN
       sel<=sel+1;
     END IF;
     IF (b='1') THEN
       sel<=sel+2;
     END IF;
     CASE sel IS
       WHEN 0=>q<=i0;
       WHEN 1=>q<=i1;
       WHEN 2=>q<=i2;
       WHEN 3=>q<=i3;
     END CASE;
   END PROCESS;
END bb;
```

图 4.6　4 选 1 电路

该结构体描述的功能是通过 CASE 语句对信号 sel 进行判断，当 sel=0 时，q=i0；当 sel=1 时，q=i1；当 sel=2 时，q=i2；当 sel=3 时，q=i3。

【例 4.7】　用带有 WHEN OTHERS 语句的 CASE 语句描述图 4.7 所示的地址译码器。

```
LIBRARY IEEE;
USE IEEE.STD_LOGIC_1164.ALL;
```

图 4.7　地址译码器

```
ENTITY decode3_8 IS
  PORT(address:IN STD_LOGIC_VECTOR(2 DOWNTO 0);
       decode:OUT STD_LOGIC_VECTOR(7 DOWNTO 0));
END decode3_8;
ARCHITECTURE cc OF decode3_8 IS
BEGIN
  PROCESS(address)
  BEGIN
    CASE address IS
      WHEN "001"=>decode<=X"11";--X 表示十六进制，赋值为"00010001"
      WHEN "111"=>decode<=X"22";
      WHEN "101"=>decode<=X"44";
      WHEN "010"=>decode<=X"88";
      WHEN others=>decode<=X"00";
    END CASE;
  END PROCESS;
END cc;
```

address 的数据类型为标准逻辑序列（矢量），除了取值为 0、1 之外，还有可能取值为 X、U、Z、W、L、H、_。WHEN OTHERS 包含了所有可能的取值。

3. LOOP 语句

循环语句 LOOP 能使程序进行有规则的循环，循环次数受迭代算法控制。LOOP 语句的格式有以下两种。

（1）FOR 循环语句。FOR 循环语句的一般格式为：

```
[循环标号: ]  FOR 循环变量 IN 范围 LOOP
              顺序处理语句；
          END LOOP [循环标号];
```

范围表示循环变量在循环过程中依次取值的范围。

（2）WHILE 循环语句。WHILE 循环语句的一般格式为：

```
[循环标号: ]  WHILE  （条件）  LOOP
              顺序处理语句；
          END LOOP [循环标号];
```

如果条件为"真"，则循环；如果条件为"假"，则结束循环。

FOR 循环通过循环变量的递增来控制循环，而 WHILE 循环是通过不断地测试所给的条件，从而达到控制循环的目的。

4. NEXT 语句

NEXT 语句主要用于 LOOP 语句的内部循环控制，有条件或无条件地跳出本次循环。NEXT 语句的一般格式为：

```
NEXT [循环标号] [WHEN 条件];
```

NEXT 语句执行后，将停止本次循环，转入下一次新的循环。"循环标号"指明了下一次循环的起始位置，"WHEN 条件"则说明了 NEXT 语句执行的条件，条件为"真"，则退出本次循环，同时转入下一次循环；条件为"假"，则不执行 NEXT 语句。如果既无"循环标号"又无"WHEN 条件"，则只要执行 NEXT 语句，就立即无条件地跳出本次循环，并从 LOOP 语句的起始位置进入下一次循环，即转入下一次新的循环。

5．EXIT 语句

退出（EXIT）语句也是 LOOP 语句中使用的循环控制语句。执行 EXIT 语句，将结束循环状态，从 LOOP 语句中跳出，终止 LOOP 语句的执行。

EXIT 语句的一般格式为：

```
EXIT [循环标号] [WHEN 条件];
```

EXIT 语句的执行有以下 3 种可能：1）EXIT 语句后没有跟"循环标号"和"WHEN 条件"，则程序执行到该句时就无条件地从 LOOP 语句跳出，接着执行 LOOP 语句后的语句；2）EXIT 后跟"循环标号"，则执行 EXIT 语句，程序将无条件地从循环标号所指明的循环中跳出；3）EXIT 后跟"WHEN 条件"，则执行 EXIT 语句，只有在所给条件为"真"时，才跳出 LOOP 语句，执行下一条语句。

6．等待（WAIT）语句

在进程或过程中执行到 WAIT 语句时，运行程序将被挂起，并视设置的条件再次执行。WAIT 语句的一般格式为：

```
WAIT [ON 信号表] [UNTIL 条件表达式] [FOR 时间表达式];
```

WAIT 语句可设置的条件有以下几种。

（1）WAIT；--无限等待，一般不用；

（2）WAIT ON 信号表；--敏感信号量变化，激活运行程序

（3）WAIT UNTIL 条件表达式；--条件为"真"，激活运行程序

（4）WAIT FOR 时间表达式；--时间到，运行程序继续执行

7．空操作（NULL）语句

NULL 语句是一种只占位置的空处理操作，执行到该句只是使程序走到下一条语句。NULL 语句的一般格式为：

```
NULL;
```

4.4.2　并行（Concurrent）语句

并行语句又称为并发语句，VHDL 语言中的基本并行语句有进程语句、并行信号赋值语句、条件信号赋值语句、选择信号赋值语句、并行过程调用语句、块语句、元件例化语句和生成语句等，其中最重要的是进程语句。

1．进程（PROCESS）语句

多个 PROCESS 语句之间是并行执行的，而进程内部语句之间是顺序执行的。进程语句的一般格式为：

```
[进程名称: ] PROCESS  [（敏感信号表）]
              [说明部分; ]
         BEGIN
           [顺序语句; ]
         END  PROCESS [进程名称];
```

【例 4.8】　　用进程语句描述图 4.8 所示的 D 触发器。

```
LIBRARY  IEEE;
USE IEEE.STD_LOGIC_1164.ALL;
ENTITY d_ff IS
  PORT(d,clk:IN BIT;
       q,qb:OUT BIT);
END d_ff;
ARCHITECTURE dd OF d_ff IS
BEGIN
  PROCESS(clk)
  BEGIN
    IF clk'EVENT AND clk='1' THEN
      q<=d;
      qb<=NOT(d);
    END IF;
  END PROCESS;
END dd;
```

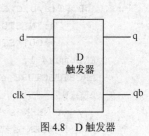

图 4.8　D 触发器

2. 并行信号赋值（Concurrent Signal Assignment）语句

赋值语句又称为代入语句，其语句的一般格式为：

赋值对象<=表达式;

例如，Y<=A NOR（B NAND C）;

赋值语句可以在进程内部使用，此时它以顺序语句的形式出现；也可以在进程之外使用，此时它以并行语句的形式出现。一个并行信号赋值语句实际上是一个进程的缩写。

```
ARCHITECTURE behave OF io IS
BEGIN
  output<=a(i);
END behave;
```
等价于
```
ARCHITECTURE behave OF io IS
BEGIN
  PROCESS(a,i)   --敏感信号表中的敏感信号量是 a, i
  BEGIN
    output<=a(i);
  END PROCESS;
END behave;
```

3. 条件信号赋值（Conditional Signal Assignment）语句（WHEN–ELSE）

条件信号赋值语句可根据不同条件将多个表达式之一的值赋给信号量。其一般格式为：

```
信号量<=表达式1 WHEN 条件1 ELSE
       表达式2 WHEN 条件2 ELSE
        ⋮
       表达式N-1 WHEN 条件N-1 ELSE
       表达式N;
```

若满足条件，则表达式的结果赋给信号量，否则，再判断下一个表达式所指定的条件。

【例4.9】 用 WHEN-ELSE 语句描述 4 选 1 数据选择器如下。

```
LIBRARY IEEE;
USE IEEE.STD_LOGIC_1164.ALL;
ENTITY mux4_1 IS
  PORT(a,b,c,d:IN STD_LOGIC;
       s:IN STD_LOGIC_VECTOR(1 DOWNTO 0);
       y:OUT STD_LOGIC);
END mux4_1;
ARCHITECTURE ee OF mux4_1 IS
BEGIN
  y<=a WHEN s="00" ELSE
     b WHEN s="01" ELSE
     c WHEN s="10" ELSE
     d;
END ee;
```

4. 选择信号赋值（Selective Signal Assignment）语句

选择信号赋值语句（WITH –SELECT-WHEN）的一般格式为：

```
WITH 选择表达式 SELECT
    信号量<=表达式1 WHEN 选择值1,
           表达式2 WHEN 选择值2,
            ⋮
           表达式N WHEN 选择值N;
```

条件信号赋值语句的信号量根据选择表达式的当前值而赋值，选择表达式的所有值必须被列在 WHEN 从句中，并且相互独立。

【例4.10】 用 WITH –SELECT-WHEN 语句描述 4 选 1 数据选择器如下。

```
LIBRARY IEEE;
USE IEEE.STD_LOGIC_1164.ALL;
ENTITY mux4_1 IS
  PORT(a,b,c,d:IN STD_LOGIC;
       s:IN STD_LOGIC_VECTOR(1 DOWNTO 0);
       y:OUT STD_LOGIC
       );
```

```
END mux4_1;
ARCHITECTURE ee OF mux4_1 IS
BEGIN
   WITH s SELECT
   y<=a WHEN "00",
      b WHEN "01",
      c WHEN "10",
      d WHEN OTHERS;
END ee;
```

这里 OTHERS 代替了除 00、01、10 元件的其他各种组合。

5. 块语句（BLOCK）

当一个电路较复杂时，这时可以考虑使用块语句将它划分为几个模块。块语句的一般格式为：

```
块名称: BLOCK
    [接口说明; ]
    [说明部分; ]
    BEGIN
        并行处理语句;
END  BLOCK 块名称;
```

接口说明主要用于信号的映射及参数的定义，通常通过 GENERIC 语句、GENERIC MAP 语句、PORT 语句等实现。GENERIC 语句也称类属语句。块的说明部分只适用于当前块，对其外部来说是完全不透明的，但对内部的块却可以适用，即内层的块可以使用外层的块说明的信号，而外层的块却不能使用内层块说明的信号。

【例 4.11】 用块语句描述图 4.9 所示的电路。

```
LIBRARY IEEE;
USE IEEE.STD_LOGIC_1164.ALL;
ENTITY and_or IS
  PORT(A,B:IN BIT;
       Y,Z:OUT BIT);
END and_or;
ARCHITECTURE ff OF and_or is
BEGIN
  G1:BLOCK
  BEGIN
    Y<=A AND B;
  END BLOCK G1;
  G2:BLOCK
  BEGIN
    Z<=A OR B;
  END BLOCK G2;
END FF;
```

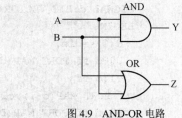

图 4.9 AND-OR 电路

6. 元件例化语句

当电路中要重复使用相同的功能块时，可采用元件例化语句。元件例化语句通常由两部分组成，一部分时是组件定义（COMPONENT），另一部分是组件映像（PORT MAP）。它们的语句格式为：

```
COMPONENT  组件名称
  [GENERIC（类属表）; ]
  PORT（组件端口名表）;
END COMPONENT 组件名称;
```

组件标题：组件名称

```
PORT MAP（
    [组件端口名]=>连接实体端口名，[组件端口名]=>连接实体端口名，...
            ）;
```

【例 4.12】　如图 4.10 所示的 4 位移位寄存器，由 4 个相同的 D 触发器（d_ff）组成，用元件例化语句描述如下。

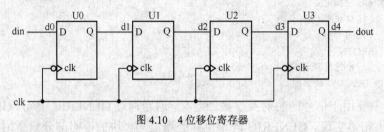

图 4.10　4 位移位寄存器

```
LIBRARY IEEE;
USE IEEE.STD_LOGIC_1164.ALL;
ENTITY shifter4 IS
  PORT(din,clk:IN BIT;
      dout:OUT BIT);
END shifter4;
ARCHITECTURE gg OF shifter4 IS
  COMPONENT d_ff                          --组件定义
    PORT(D,clk:IN BIT;
        Q:OUT BIT);
  END COMPONENT d_ff;
SIGNAL d:BIT_VECTOR(0 TO 4);
BEGIN
  d(0)<=din;
  U0:d_ff PORT MAP(d(0),clk,d(1));        --位置关联
  U1:d_ff
    PORT MAP(d(1),clk,d(2));
  U2:d_ff PORT MAP(D=>d(2),clk=>clk,Q=>d(3));--名字关联
  U3:d_ff
    PORT MAP(D=>d(3),clk=>clk,Q=>d(4));
  dout<=d(4);
END gg;
```

7. 生成语句

生成语句用来描述电路中有规则和重复性的结构。
生成语句的格式一般有下面两种。
（1）FOR　GENEATE 结构

```
[标号: ]FOR 循环变量 IN 取值范围 GENERATE
   [类属说明; ]
   并行处理语句;
END GENERATE [标号];
```

（2）IF　GENERATE 结构

```
[标号: ]IF 条件表达式 GENERATE
    [类属说明; ]
    并行处理语句;
END　GENERATE [标号];
```

【例 4.13】　用 FOR　GENERATE 语句描述图 4.10 所示的 4 位移位寄存器。

```
LIBRARY IEEE;
USE IEEE.STD_LOGIC_1164.ALL;
ENTITY shifter4d IS
  PORT(din,clk:IN BIT;
       dout:OUT BIT);
END shifter4d;
ARCHITECTURE ggg OF shifter4d IS
  COMPONENT d_ff
    PORT(D,clk:IN  BIT;
         Q:OUT BIT);
  END COMPONENT d_ff;
SIGNAL d:BIT_VECTOR(0 TO 4);
BEGIN
  d(0)<=din;
  G:FOR i IN 0 TO 3 GENERATE        --生成 4 个相同的 D 触发器
    U:d_ff PORT MAP(d(i),clk,d(i+1));   --组件映像
  END GENERATE G;
  dout<=d(4);
END ggg;
```

8. 并行过程调用语句

并行过程调用语句可出现在结构体中，而且是一种可以在进程之外执行的过程调用语句。
过程调用语句的一般格式为：

```
过程名[([形参名=>]实参表达式{, [形参名=>]实参表达式})];
```

实参表达式可以是一个具体的数值，也可以是一个标识符，形参名是当前欲调用的过程中已说明的参数（过程名后跟的括号内）。与元件例化语句相似，形参与实参之间的对应关系有位置关联和名字关联。

当过程调用语句出现在进程语句中时，此时它作为顺序语句执行；直接出现在结构体或块语句中时，按并行语句执行。

4.5　VHDL 设计举例

4.5.1　组合逻辑电路的设计

组合逻辑电路任何时刻的输出信号仅取决于该时刻输入信号取值组合。

【例 4.14】　与门、或门、非门（反相器）、与非门、或非门、异或门的 VHDL 语言描述。

这些都是基本的组合电路，利用逻辑运算符（AND、OR、NOT、NAND、NOR、XOR）很容易实现，请读者自己去编写 VHDL 程序。也可以利用赋值语句描述真值表来实现。

用赋值语句描述 2 输入与非门如下。

```
LIBRARY IEEE;
USE IEEE.STD_LOGIC_1164.ALL;
ENTITY nand2 IS
PORT(A,B:IN STD_LOGIC;
    Y:OUT STD_LOGIC);
END nand2;
ARCHITECTURE ff OF nand2 IS
BEGIN
  PROCESS(A,B)
    VARIABLE comb:STD_LOGIC_VECTOR(1 DOWNTO 0);
  BEGIN
    comb:=A&B;
    CASE comb IS
      WHEN "00"=>Y<='1';
      WHEN "01"=>Y<='1';
      WHEN "10"=>Y<='1';
      WHEN "11"=>Y<='0';
      WHEN OTHERS=>Y<='0';
    END CASE;
  END PROCESS;
END ff;
```

【例 4.15】　用 VHDL 语言描述图 4.11 所示的 3-8 线译码器。

```
LIBRARY IEEE;
USE IEEE.STD_LOGIC_1164.ALL;
ENTITY decoder3_8 IS
PORT(A,B,C:IN STD_LOGIC;
    STA,STB,STC:IN STD_LOGIC;
    Y:OUT STD_LOGIC_VECTOR(7 DOWNTO 0));
END decoder3_8;
ARCHITECTURE struct OF decoder3_8 IS
SIGNAL indata:STD_LOGIC_VECTOR(2 DOWNTO 0);
BEGIN
  indata<=A&B&C;
  PROCESS(indata,STA,STB,STC)
  BEGIN
```

```
      IF(STA='1' AND STB='0' AND STC='0') THEN
        CASE indata is
          WHEN "000"=>Y<="11111110";
          WHEN "001"=>Y<="11111101";
          WHEN "010"=>Y<="11111011";
          WHEN "011"=>Y<="11110111";
          WHEN "100"=>Y<="11101111";
          WHEN "101"=>Y<="11011111";
          WHEN "110"=>Y<="10111111";
          WHEN "111"=>Y<="01111111";
          WHEN OTHERS=>Y<="ZZZZZZZZ";
        END CASE;
      ELSE
        Y<="11111111";
      END IF;
    END PROCESS;
  END struct;
```

图 4.11   3-8 线译码器

时序仿真的波形结果如图 4.12 所示。

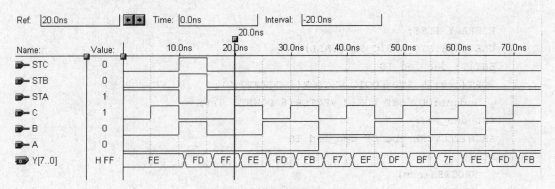

图 4.12   3-8 线译码器的仿真波形

【例 4.16】   用 VHDL 语言描述 8-3 线编码器。

如图 4.13 所示的优先编码器，输入信号中 a 的优先级别最低，依此类推，h 的优先级别最高。

```
LIBRARY IEEE;
USE IEEE.STD_LOGIC_1164.ALL;
ENTITY encoder83 IS
PORT(a,b,c,d,e,f,g,h:IN STD_LOGIC;
    out0,out1,out2:OUT STD_LOGIC);
END encoder83;
ARCHITECTURE abc OF encoder83 IS
SIGNAL outvec:STD_LOGIC_VECTOR(2 DOWNTO 0);
BEGIN
  outvec<="111" WHEN h='1' ELSE
          "110" WHEN g='1' ELSE
          "101" WHEN f='1' ELSE
          "100" WHEN e='1' ELSE
          "011" WHEN d='1' ELSE
```

图 4.13   8-3 线优先编码器

```
            "010" WHEN c='1' ELSE
            "001" WHEN b='1' ELSE
            "000" WHEN a='1' ELSE
            "ZZZ";
        out0<=outvec(0);
        out1<=outvec(1);
        out2<=outvec(2);
    END abc;
```

【例 4.17】　用 VHDL 语言描述图 4.14 所示的七段 LED 译码显示电路。

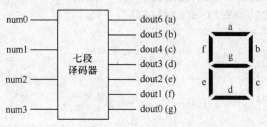

图 4.14　七段显示译码器

```
    LIBRARY IEEE;
    USE IEEE.STD_LOGIC_1164.ALL;
    ENTITY dec_led IS
    PORT(num:IN STD_LOGIC_VECTOR(3 DOWNTO 0);
        dout:OUT STD_LOGIC_VECTOR(6 DOWNTO 0));
    END dec_led;
    ARCHITECTURE abc OF dec_led IS
    BEGIN
        PROCESS(num)
        BEGIN
          CASE num IS
            WHEN "0000"=>dout<="1111110";
            WHEN "0001"=>dout<="0110000";
            WHEN "0010"=>dout<="1101101";
            WHEN "0011"=>dout<="1111001";
            WHEN "0100"=>dout<="0110011";
            WHEN "0101"=>dout<="1011011";
            WHEN "0110"=>dout<="1011111";
            WHEN "0111"=>dout<="1110000";
            WHEN "1000"=>dout<="1111111";
            WHEN "1001"=>dout<="1111011";
            WHEN OTHERS=>dout<="0000000";
          END CASE;
        END PROCESS;
    END abc;
```

七段 LED 译码显示电路仿真结果如图 4.15 所示。

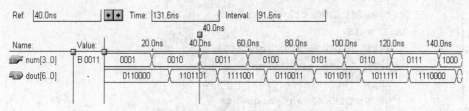

图 4.15 七段 LED 译码显示电路仿真结果

【例 4.18】 用 VHDL 语言描述三态门电路。

如图 4.16 所示三态门电路，当 en= '1' 时，dout=din；当 en= '0' 时，dout= 'Z'（高阻态）。

```
LIBRARY IEEE;
USE IEEE.STD_LOGIC_1164.ALL;
ENTITY tristate IS
PORT(din,en:in std_logic;
    dout:out std_logic);
END tristate;
ARCHITECTURE hh OF tristate IS
BEGIN
   PROCESS(en,din)
   BEGIN
     IF en='1' THEN
       dout<=din;
     ELSE
       dout<='Z';
     END IF;
   END PROCESS;
END hh;
```

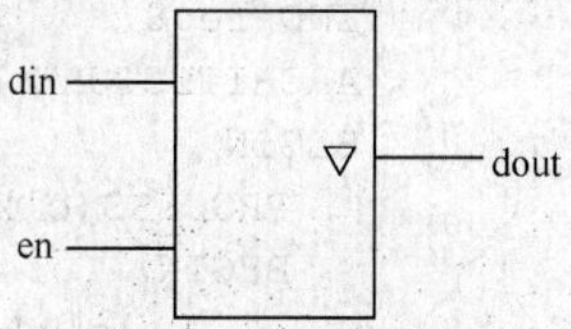

图 4.16 三态门电路

4.5.2 时序逻辑电路的设计

时序逻辑电路（简称时序电路）与组合逻辑电路不同，它在任何时刻的输出信号不仅取决于该时刻的输入信号，而且还取决于电路原来的状态。

【例 4.19】 用 VHDL 语言描述图 4.17 所示的 JK 触发器。

```
LIBRARY IEEE;
USE IEEE.STD_LOGIC_1164.ALL;
ENTITY jk_ff IS
PORT(j,k,clk:in std_logic;
    q,qn:buffer std_logic);
END jk_ff;
ARCHITECTURE kk OF jk_ff IS
SIGNAL s:std_logic_vector(1 downto 0);
BEGIN
  s<=j&k;
  PROCESS(clk,s)
  BEGIN
```

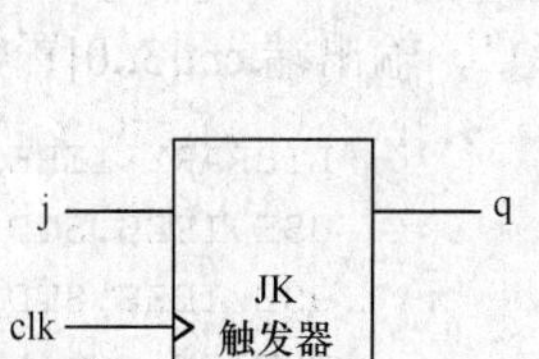

图 4.17 JK 触发器

```
        IF(clk'event AND clk='1') THEN
          CASE s IS
            WHEN "01"=>q<='0';qn<='1';
            WHEN "10"=>q<='1';qn<='0';
            WHEN "11"=>q<=NOT(q);qn<=NOT(qn);
            WHEN  OTHERS=>q<=q;qn<=qn ;
          END CASE;
        ELSE
          q<=q;
          qn<=qn;
        END IF;
    END PROCESS;
  END kk;
```

【例 4.20】　用 VHDL 语言描述 8 位锁存器。

```
LIBRARY IEEE;
USE IEEE.STD_LOGIC_1164.ALL;
ENTITY reg8 IS
PORT(d:in std_logic_vector(7 downto 0);
    clk:in std_logic;
    q:out std_logic_vector(7 downto 0));
END reg8;
ARCHITECTURE behave OF reg8 IS
BEGIN
  PROCESS(clk)
  BEGIN
    IF (clk'event AND clk='1') THEN
        q<=d;
    END IF;
  END PROCESS;
END behave;
```

【例 4.21】　用 VHDL 语言描述具有异步复位和置位、同步预置数功能的 4 位计数器。

该计数器如图 4.18 所示，输入信号有置位控制端 past、复位控制端 reset、时钟信号 clk、使能控制端 en、置数控制端 load、并行数据输入端 date ，输出信号为 cnt[3..0]。当 reset= '1' 时，输出端 cnt[3..0]为 0；当 past= '1' 时，输出端 cnt[3..0]为 "1"；当 clk 上升沿时，若 load= '1'，输出端 cnt[3..0]置数；若 en= '1'，计数器加 1 计数。

```
LIBRARY IEEE;
USE IEEE.STD_LOGIC_1164.ALL;
USE IEEE.STD_LOGIC_UNSIGNED.ALL;
ENTITY counter4 IS
PORT(past,reset,clk,en,load:in std_logic;
    data:in std_logic_vector(3 downto 0);
    cnt4:buffer std_logic_vector(3 downto 0));
END counter4;
ARCHITECTURE jj OF counter4 IS
BEGIN
  PROCESS(past,clk,reset)
```

图 4.18　4 位计数器

```
        BEGIN
           IF (reset='1') THEN                        --异步复位
               cnt4<=(others=>'0');--所有位为 0
           ELSIF past='1' THEN                         --异步置位
               cnt4<=(others=>'1');
           ELSIF (clk'event AND clk='1') THEN     --同步预置数
               IF load='1' THEN
                   cnt4<=data;
               ELSIF en='1' THEN                 --计数功能
                   cnt4<=cnt4+1;
               END IF;
           END IF;
        END PROCESS;
    END jj;
```

【例 4.22】 用 VHDL 描述图 4.19 所示具有异步复位、同步置数功能的 60 进制同步计数器。

```
    LIBRARY IEEE;
    USE IEEE.STD_LOGIC_1164.ALL;
    USE IEEE.STD_LOGIC_UNSIGNED.ALL;
    ENTITY CNT60 IS
    PORT(nreset,load,ci,clk:in std_logic;
        data:in std_logic_vector(7 downto 0);
        co:out std_logic;
        qh,ql:buffer std_logic_vector(3 downto 0));
    END CNT60;
    ARCHITECTURE behave OF CNT60 IS
    BEGIN
       co<='1' WHEN (qh="0101" AND ql="1001" AND ci='1') ELSE--进位输出
           '0';
       PROCESS(clk,nreset)
       BEGIN
         IF(nreset='0')THEN                             --异步复位
            qh<="0000";
            ql<="0000";
         ELSIF(clk'event AND clk='1') THEN            --同步置数
            IF (load='1') THEN
               qh<=data(7 DOWNTO 4);
               ql<=data(3 DOWNTO 0);
            ELSIF(ci='1') THEN                      --模 60 的实现
               IF(ql>=9)THEN
                  ql<="0000";
                  IF(qh>=5)THEN
                     qh<="0000";
                  ELSE                              --计数功能的实现
                     qh<=qh+1;
                  END IF;
               ELSE
                  ql<=ql+1;
               END IF;
            END IF;
         END IF;
       END PROCESS;
    END behave;
```

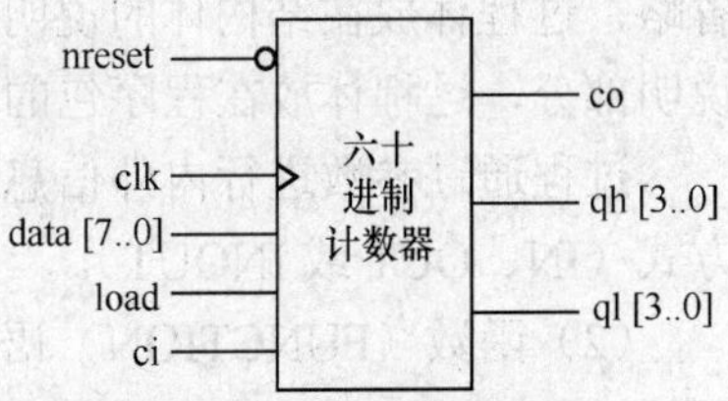

60 进制同步计数器的仿真结果如图 4.20 所示。

图 4.19 六十进制同步计数器

67

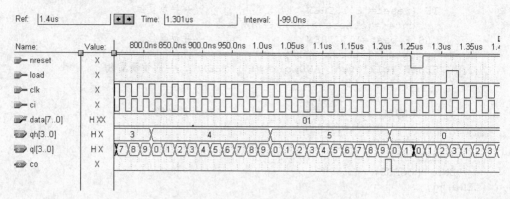

图 4.20　六十进制计数器的仿真波形

4.6　VHDL 程序设计进阶

4.6.1　子程序、程序包及配置

1.　子程序（SUBPROGRAM）

子程序是由一组顺序语句组成，并能将处理结果返回主程序的程序模块，可反复调用。VHDL 语言提供了过程（PROCEDURE）和函数（FUNCTION）两种子程序。过程和函数的区别在于过程调用是一个语句，而函数调用是一个表达式。函数只能用于计算数值，而不能用于改变与参数相关的值，参数只能是 IN 的信号或常数，过程可以改变与参数相关的值，参数为 IN、OUT、INOUT 方式的信号、变量或常数。

在子程序中，若未指定参数的方式，则默认方式为 IN，如果未指定类型，则规定 IN 方式的参数是常数类型，OUT 和 INOUT 方式的参数为变量类型。

（1）过程（PROCEDURE）语句。过程语句的一般格式为：

```
PROCEDURE 过程名（参数表）  --过程首
PROCEDURE 过程名（参数表）  --过程体
    [说明语句; ]
BEGIN
    顺序处理语句;
END 过程名;
```

在 VHDL 语言中，过程由过程首和过程体两部分组成。在进程或结构体中，过程首可以省略，过程体放在结构体的说明部分。在程序包中过程首不可以省略，过程首放在程序包的说明部分，过程体放在程序包的包体部分。

过程通过参数进行内外信息的传递，参数需说明参数名、类型（信号、变量或常数）和方式（IN、OUT 或 INOUT）。

（2）函数（FUNCTION）语句。函数语句的一般格式为：

```
FUNCTION 函数名（参数表）RETURN 数据类型       --函数首
FUNCTION 函数名（参数表）RETURN 数据类型 IS    --函数体
```

```
        [说明语句; ]
    BEGIN
        顺序处理语句;
    END FUNCTION 函数名;
```

参数表中需说明参数名、参数类型（信号与常数）和数据类型。RETURN 后面的数据类型为返回值的数据类型，也称为函数的类型。在进程或结构体中，函数首可以省略，函数体放在结构体的说明部分。而在程序包中必须定义函数首，把函数首放在程序包的说明部分，函数体放在程序包的包体部分。

2. 程序包（PACKAGE）

VHDL 语言提供了程序包结构，在程序包中定义的类型、元件、函数、过程及说明，可以供其他设计单元调用。

程序包通常由说明和可选的包体两部分组成。程序包说明用来声明包中的类型、元件、函数和子程序，包体用来存放说明中的函数和子程序。

程序包说明的一般格式为

```
    PACKAGE [程序包名] IS
        [说明部分; ]
    END [程序包名];
  程序包包体的一般格式为
    PACKAGE BODY [程序包名] IS
        [说明部分; ]
    END [程序包名];
```

3. 配置（CONFIGURATION）

配置也叫组态，用于描述层与层之间的连接关系、实体与结构体之间的连接关系。在仿真设计中，利用配置语句来选择不同的结构体，以便进行性能比较。配置就像网线，将所需的结构体连接到每一个实体中。配置的方法有体内配置、体外配置和默认配置 3 种形式。在 VHDL 语言中，若没有配置语句，则系统会默认所配置的结构体为 WORK 库中当前的结构体。

体外配置语句的一般格式为

```
    CONFIGURATION 配置名 OF 实体名 IS
        FOR 结构体名
    END FOR;
    [配置语句; ]
    END 配置名;
```

4.6.2　VHDL 的结构描述方法

VHDL 语言中常用的描述方法有行为描述、数据流描述、结构描述和混合描述。通常认为在结构体中采用进程语句描述称为行为描述；在结构体中采用除进程语句以外的其他并行语句描述的称为数据流描述；结构描述主要是采用调用低层设计模块的描述。在 VHDL 语言中，大多数描述采用混用行为描述和数据流描述的混合描述。

1. 行为 (BEHAVIOR) 描述

行为描述表示输入与输出之间的转换的行为，不包括任何结构信息。

【例 4.23】 对于图 4.2 所示的全加器，其行为描述如下。

```
LIBRARY IEEE;
USE IEEE.STD_LOGIC_1164.ALL;
ENTITY full_adder1 IS
    PORT(a,b,c:IN BIT;
         sum,carry:OUT BIT);
END full_adder1;
ARCHITECTURE behavior OF full_adder1 IS
BEGIN
   PROCESS(a,b,c)
   BEGIN
      sum<=a XOR b XOR c;
      carry<=(a AND b) OR (b AND c) OR (a AND c);
   END PROCESS;
END behavior;
```

2. 数据流 (DATAFLOW) 描述

【例 4.24】 对图 4.2 所示的一位全加器，其数据流描述如下。

```
LIBRARY IEEE;
USE IEEE.STD_LOGIC_1164.ALL;
ENTITY full_adder1 IS
    PORT(a,b,c:IN BIT;
         sum,carry:OUT BIT);
END full_adder1;
ARCHITECTURE dataflow OF full_adder1 IS
BEGIN
   sum<=a XOR b XOR c;
   carry<=(a AND b) OR (b AND c) OR (a AND c);
END dataflow;
```

【例 4.25】 行为描述和数据流描述也可以混合使用，对图 4.2 所示的一位全加器，其混合描述如下所示。

```
LIBRARY IEEE;
USE IEEE.STD_LOGIC_1164.ALL;
ENTITY full_adder1 IS
    PORT(a,b,c:IN BIT;
         sum,carry:OUT BIT);
END full_adder1;
ARCHITECTURE mixed OF full_adder1 IS
BEGIN
   PROCESS(a,b,c)
   BEGIN
      sum<=a XOR b XOR c;
```

```
        END PROCESS;
        carry<=(a AND b) OR (b AND c) OR (a AND c);
    END mixed;
```

3. 结构（STRUCTURE）描述

结构描述主要用于高层次的设计模块调用低层次的设计模块，或者直接用门电路设计单元来构成一个复杂的逻辑电路的场合。

【例 4.26】　假如已经具有与门、或门和异或门等逻辑电路的设计单元，一位全加器的结构描述如下。

```
    LIBRARY IEEE;
    USE IEEE.STD_LOGIC_1164.ALL;
    ENTITY fulladder1 IS
        PORT(a,b,c:IN BIT;
            sum,carry:OUT BIT);
    END fulladder1;
    ARCHITECTURE structure OF fulladder1 IS
        COMPONENT xor_3
        PORT(aaa,bbb,ccc:IN BIT;
            yyy:OUT BIT);
        END COMPONENT;
        COMPONENT and_2
        PORT(d,e:IN BIT;
            f:OUT BIT);
        END COMPONENT;
        COMPONENT or_3
        PORT(aa,bb,cc:IN BIT;
            yy:OUT BIT);
        END COMPONENT;
        SIGNAL s1,s2,s3:BIT;
        BEGIN
            G1:xor_3 PORT MAP(a,b,c,sum);
            G2:and_2 PORT MAP(a,b,s1);
            G3:and_2 PORT MAP(b,c,s2);
            G4:and_2 PORT MAP(a,c,s3);
            G5:or_3  PORT MAP(s1,s2,s3,carry);
        END structure;
```

在电路中采用组件定义语句COMPONENT说明将要调用的已经存在的模块电路（and_2、xor_3和or_3），用组件映像语句PORT MAP生成模块与所设计的各模块（G1、G2、G3、G4和G5）端口之间的连接关系。

4.7　数字系统层次化设计实例

当设计一个结构复杂的系统时，通常采用层次化的设计方法,使系统设计变得简洁和方便。层次化设计是分层次、分模块进行设计描述。描述器件总功能的模块放在最上层，称为顶层设计；描述器件某一部分功能的模块放在下层，称为底层设计。

4.7.1　出租车计费器

1. 计费功能

按行驶里程计费，起步价为 5.00 元/2 公里，超过 2 公里时按 2.40 元/km 计费，当计费器达到或超过 20.00 元时，按 3.60 元/km 计费，车停止不计费。路费和车程用数码管显示出来，各有两位小数。

2. 总体框图

出租车计费器总体框图如图 4.21 所示。它由 5 个模块组成：计费电路（JIFEI）、转换电路（TRANS）、扫描电路（SE）、显示电路（XIANSHI）和字形显示电路（DI）。计费电路完成计费功能。转换电路把车费和路程转换为 4 位十进制数。显示电路实际上是八选一数据选择器，和扫描电路共同控制输出。字形显示电路输出 0～9 个字形。

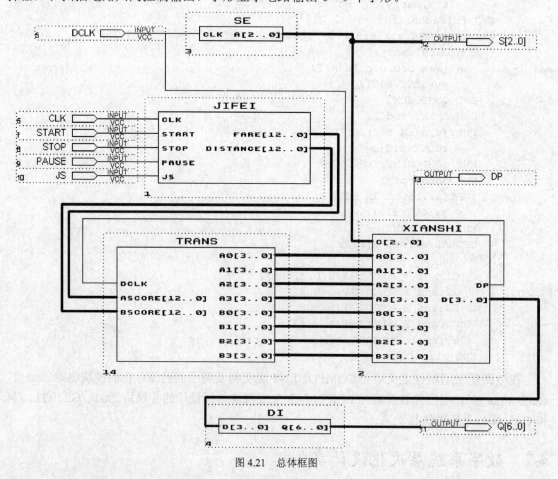

图 4.21　总体框图

3. 各模块的 VHDL 语言源程序

（1）计费模块（JIFEI）。计费模块如图 4.22 所示。输入端口 START、STOP、PAUSE、JS 分别代表出租车起动、停止、暂停、加速。输出端口 FARE、DISTANCE 代表车费和路程。

```
LIBRARY IEEE;
USE IEEE.STD_LOGIC_1164.ALL;
USE IEEE.STD_LOGIC_UNSIGNED.ALL;
ENTITY JIFEI IS
  PORT(CLK,START,STOP,PAUSE,JS:IN STD_LOGIC;
      FARE,DISTANCE:OUT INTEGER RANGE 0 TO 8000);
END JIFEI;
ARCHITECTURE AA OF JIFEI IS
BEGIN
  PROCESS(CLK,START,PAUSE,STOP,JS)
  VARIABLE A,B:STD_LOGIC;                    --A 代表 2 公里之外的公里数
  VARIABLE LUC:INTEGER RANGE 0 TO 100;       --LUC 为路程的累加
  VARIABLE CHEFEI,LC:INTEGER RANGE 0 TO 8000;--车费、路程
  VARIABLE NUM:INTEGER RANGE 0 TO 9;         --NUM 控制进位
  BEGIN
    IF (CLK'EVENT AND CLK='1') THEN
      IF (STOP='0') THEN
        CHEFEI:=0;
        NUM:=0;
        B:='1';
        LUC:=0;
        LC:=0;
      ELSIF (START='0') THEN
        B:='0';
        CHEFEI:=500;
        LC:=0;
      ELSIF (START='1' AND JS='1' AND PAUSE='1') THEN
        IF (B='0') THEN
          NUM:=NUM+1;
        END IF;
        IF (NUM=9) THEN
          LC:=LC+5;
          NUM:=0;
          LUC:=LUC+5;
        END IF;
      ELSIF (START='1' AND JS='0' AND PAUSE='1') THEN
        LC:=LC+1;
        LUC:=LUC+1;
      END IF;
      IF (LUC>=100) THEN
        A:='1';
        LUC:=0;
      ELSE
        A:='0';
      END IF;
```

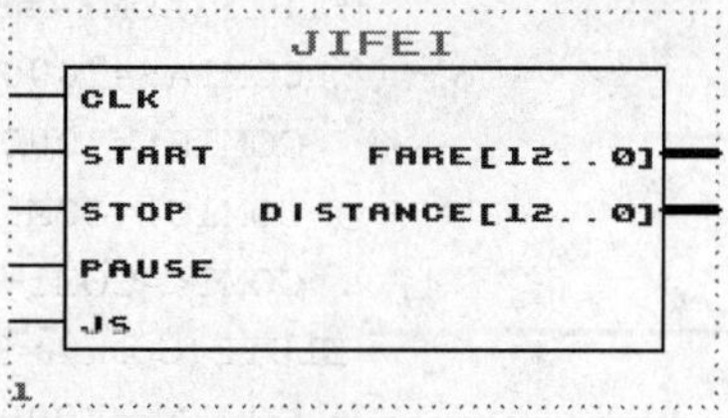

图 4.22　计费模块（JIFEI）

```
        IF (LC<200) THEN
          NULL;
        ELSIF (CHEFEI<2000 AND A='1') THEN
          CHEFEI:=CHEFEI+240;
        ELSIF (CHEFEI>=2000 AND A='1') THEN
          CHEFEI:=CHEFEI+360;
        END IF;
      END IF;
      FARE<=CHEFEI;
      DISTANCE<=LC;
    END PROCESS;
  END AA;
```

（2）转换模块（TRANS）。转换模块如图 4.23 所示。DCLK 的频率要比 CLK 快得多。输入端口 ASCORE、BSCORE 代表车费和路程，输出端口 A0~A3（B0~B3）分别代表车费（路程）的个、十、百、千。

```
LIBRARY IEEE;
USE IEEE.STD_LOGIC_1164.ALL;
USE IEEE.STD_LOGIC_UNSIGNED.ALL;
USE IEEE.STD_LOGIC_ARITH.ALL;
ENTITY TRANS IS
  PORT(DCLK:IN STD_LOGIC;
       ASCORE,BSCORE:IN INTEGER RANGE 0 TO 8000;
     A0,A1,A2,A3,B0,B1,B2,B3:OUT STD_LOGIC_VECTOR(3 DOWNTO 0));
END TRANS;
ARCHITECTURE MIX OF TRANS IS
SIGNAL COM1:INTEGER RANGE 0 TO 8000;
BEGIN
  PROCESS(DCLK,ASCORE)
  VARIABLE COM1A,COM1B,COM1C,COM1D:STD_LOGIC_VECTOR(3 DOWNTO 0);
  BEGIN
    IF (DCLK'EVENT AND DCLK='1')THEN
      IF(COM1<ASCORE)THEN
        IF(COM1A=9 AND COM1B=9 AND COM1C=9)THEN
          COM1A:="0000";
          COM1B:="0000";
          COM1C:="0000";
          COM1D:=COM1D+1;
        ELSIF(COM1A=9 AND COM1B=9)THEN
          COM1A:="0000";
          COM1B:="0000";
          COM1C:=COM1C+1;
          COM1<=COM1+1;
        ELSIF(COM1A=9)THEN
          COM1A:="0000";
          COM1B:=COM1B+1;
```

```
        COM1<=COM1+1;
      ELSE
        COM1A:=COM1A+1;
        COM1<=COM1+1;
      END IF;
    ELSE
      A0<=COM1A;
      A1<=COM1B;
      A2<=COM1C;
      A3<=COM1D;
      COM1<=0;
      COM1A:="0000";
      COM1B:="0000";
      COM1C:="0000";
      COM1D:="0000";
    END IF;
  END IF;
END PROCESS;
PROCESS(DCLK,BSCORE)
VARIABLE COM2:INTEGER RANGE 0 TO 8000;
VARIABLE COM2A,COM2B,COM2C,COM2D:STD_LOGIC_VECTOR(3 DOWNTO 0);
BEGIN
  IF (DCLK'EVENT AND DCLK='1')THEN
    IF(COM2<BSCORE)THEN
      IF(COM2A=9 AND COM2B=9 AND COM2C=9)THEN
        COM2A:="0000";
        COM2B:="0000";
        COM2C:="0000";
        COM2D:=COM2D+1;
      ELSIF(COM2A=9 AND COM2B=9)THEN
        COM2A:="0000";
        COM2B:="0000";
        COM2C:=COM2C+1;
        COM2:=COM2+1;
      ELSIF(COM2A=9)THEN
        COM2A:="0000";
        COM2B:=COM2B+1;
        COM2:=COM2+1;
      ELSE
        COM2A:=COM2A+1;
        COM2:=COM2+1;
      END IF;
    ELSE
      B0<=COM2A;
      B1<=COM2B;
      B2<=COM2C;
```

```
        B3<=COM2D;
        COM2:=0;
        COM2A:="0000";
        COM2B:="0000";
        COM2C:="0000";
        COM2D:="0000";
      END IF;
    END IF;
  END PROCESS;
END MIX;
```

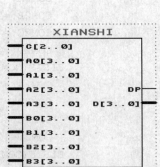

图 4.23　转换模块（TRANS）

（3）显示模块（XIANSHI）。显示模块如图 4.24 所示。

```
LIBRARY IEEE;
USE IEEE.STD_LOGIC_1164.ALL;
USE IEEE.STD_LOGIC_UNSIGNED.ALL;
ENTITY XIANSHI IS
  PORT(C:IN STD_LOGIC_VECTOR(2 DOWNTO 0);
     A0,A1,A2,A3,B0,B1,B2,B3:IN STD_LOGIC_VECTOR(3 DOWNTO 0);
      DP:OUT STD_LOGIC;
      D:OUT STD_LOGIC_VECTOR(3 DOWNTO 0));
END XIANSHI;
ARCHITECTURE MIX OF XIANSHI IS
BEGIN
  PROCESS(C,A0,A1,A2,A3,B0,B1,B2,B3)
  VARIABLE COM:STD_LOGIC_VECTOR(2 DOWNTO 0);
  BEGIN
    COM:=C;
    CASE COM IS
      WHEN "000"=>D<=A0;DP<='0';
      WHEN "001"=>D<=A1;DP<='0';
      WHEN "010"=>D<=A2;DP<='1';
      WHEN "011"=>D<=A3;DP<='0';
      WHEN "100"=>D<=B0;DP<='0';
      WHEN "101"=>D<=B1;DP<='0';
      WHEN "110"=>D<=B2;DP<='1';
      WHEN "111"=>D<=B3;DP<='0';
      WHEN OTHERS=>NULL;
    END CASE;
  END PROCESS;
END MIX;
```

图 4.24　显示模块（XIANSHI）

（4）选择模块（SE）。选择模块如图 4.25 所示。

```
LIBRARY IEEE;
USE IEEE.STD_LOGIC_1164.ALL;
USE IEEE.STD_LOGIC_UNSIGNED.ALL;
ENTITY SE IS
  PORT(CLK:IN STD_LOGIC;
```

```
    A:OUT STD_LOGIC_VECTOR(2 DOWNTO 0));
END SE;
ARCHITECTURE MIX OF SE IS
BEGIN
  PROCESS(CLK)
  VARIABLE B:STD_LOGIC_VECTOR(2 DOWNTO 0);
  BEGIN
    IF(CLK'EVENT AND CLK='1')THEN
      IF(B="111")THEN
        B:="000";
      ELSE
        B:=B+1;
      END IF;
    END IF;
    A<=B;
  END PROCESS;
END MIX;
```

图4.25　选择模块（SE）

（5）字形显示模块（DI）。字形显示模块如图4.26所示。

```
LIBRARY IEEE;
USE IEEE.STD_LOGIC_1164.ALL;
USE IEEE.STD_LOGIC_UNSIGNED.ALL;
ENTITY DI IS
PORT(D:IN STD_LOGIC_VECTOR(3 DOWNTO 0);
     Q:OUT STD_LOGIC_VECTOR(6 DOWNTO 0));
END DI;
ARCHITECTURE MIX OF DI IS
BEGIN
  WITH D SELECT
    Q<="1111110" WHEN "0000",
       "0110000" WHEN "0001",
       "1101101" WHEN "0010",
       "11 11001" WHEN "0011",
       "0110011" WHEN "0100",
       "1011011" WHEN "0101",
       "1011111" WHEN "0110",
       "1110000" WHEN "0111",
       "1111111" WHEN "1000",
       "1111011" WHEN "1001",
       "0000000" WHEN OTHERS;
END MIX;
```

图4.26　DI模块

4.7.2　数字秒表

1. 功能

数字秒表显示时、分、秒，能显示0.01s的时间。

2. 总体框图

数字秒表的总体框图如图 4.27 所示。它由 9 个模块组成：100 进制计数器（BAI）、秒计数器（CNT_60）、分计数器（CNT_60）、时计数器（CNT_24）、选择模块（SE）、数据选择模块（MUX8_1）、消抖动模块（DOU）、启停模块（QIT）、字形显示模块（DI）。

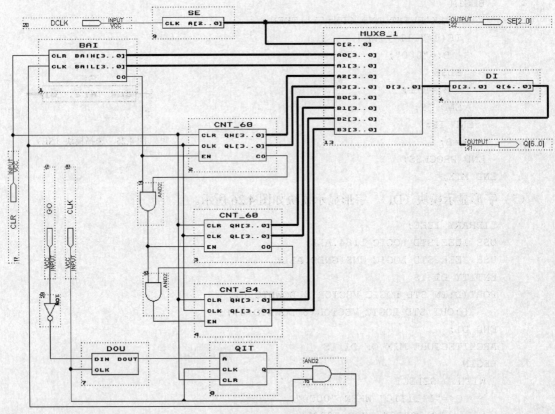

图 4.27　总体框图

模块 BAI 为 100 进制计数器，输出的数值为 0.01s 和 0.1s。模块 CNT_60 为 60 进制计数器，用于秒、分的计数。模块 CNT_24 为 24 进制计数器，用于小时的计数。模块 DOU 为同步消抖动电路。模块 SE 产生数码管的片选信号。模块 MUX8_1 根据不同的片选信号，送出不同的要显示的数据。模块 DI 为七段译码器，显示 0~9 的字形。模块 QIT 控制表的计数。

3. 各模块的 VHDL 语言源程序

（1）100 进制计数器模块（BAI）。模块 BAI 如图 4.28 所示。

```
LIBRARY IEEE;
USE IEEE.STD_LOGIC_1164.ALL;
USE IEEE.STD_LOGIC_UNSIGNED.ALL;
ENTITY BAI IS
  PORT(CLR,CLK:IN STD_LOGIC;
```

```
            BAIH,BAIL:BUFFER STD_LOGIC_VECTOR(3 DOWNTO 0);
            CO:OUT STD_LOGIC);
  END BAI;
  ARCHITECTURE AA OF BAI IS
  BEGIN
    CO<='1' WHEN(BAIH="1001" AND BAIL="1001") ELSE '0';
    PROCESS(CLR,CLK)
      BEGIN
      IF (CLR='0')THEN
        BAIH<="0000";
        BAIL<="0000";
      ELSIF (CLK'EVENT AND CLK='1') THEN
        IF (BAIL="1001")THEN
          BAIL<="0000";
          IF (BAIH="1001") THEN
            BAIH<="0000";
          ELSE
            BAIH<=BAIH+1;
          END IF;
        ELSE
          BAIL<=BAIL+1;
        END IF;
      END IF;
    END PROCESS;
  END AA;
```

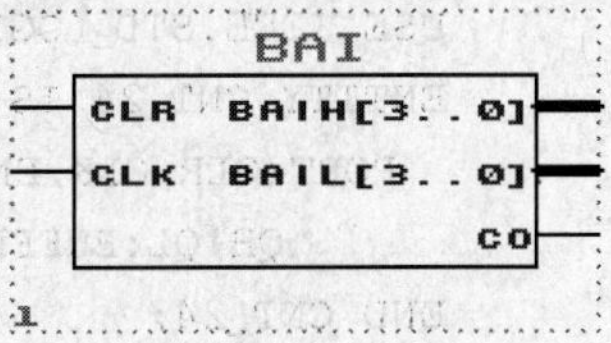

图 4.28　模块 BAI

（2）模块 CNT_60。模块 CNT_60 如图 4.29 所示。

```
  LIBRARY IEEE;
  USE IEEE.STD_LOGIC_1164.ALL;
  USE IEEE.STD_LOGIC_UNSIGNED.ALL;
  ENTITY CNT_60 IS
    PORT(CLR,CLK,EN:IN STD_LOGIC;
        QH,QL:BUFFER STD_LOGIC_VECTOR(3 DOWNTO 0);
        CO:OUT STD_LOGIC);
  END CNT_60;
  ARCHITECTURE AA OF CNT_60 IS
  BEGIN
    CO<='1' WHEN (QH="0101" AND QL="1001" AND EN='1') ELSE '0';
    PROCESS(CLR,CLK)
    BEGIN
      IF (CLR='0') THEN
        QH<="0000";
        QL<="0000";
      ELSIF (CLK'EVENT AND CLK='1') THEN
        IF (EN='1') THEN
          IF (QL="1001") THEN
```

```
        QL<="0000";
        IF (QH="0101")THEN
          QH<="0000";
        ELSE
          QH<=QH+1;
        END IF;
      ELSE
        QL<=QL+1;
      END IF;
    END IF;
  END IF;
  END PROCESS;
END AA;
```

图 4.29　模块 CNT_60

（3）模块 CNT_24。模块 CNT_24 如图 4.30 所示。

```
LIBRARY IEEE;
USE IEEE.STD_LOGIC_1164.ALL;
USE IEEE.STD_LOGIC_UNSIGNED.ALL;
ENTITY CNT_24 IS
  PORT(CLR,CLK,EN:IN STD_LOGIC;
       QH,QL:BUFFER STD_LOGIC_VECTOR(3 DOWNTO 0));
END CNT_24;
ARCHITECTURE AA OF CNT_24 IS
BEGIN
  PROCESS(CLR,CLK)
  BEGIN
    IF (CLR='0') THEN
      QH<="0000";
      QL<="0000";
    ELSIF (CLK'EVENT AND CLK='1') THEN
      IF (EN='1') THEN
        IF (QH="0010" AND QL="0011") THEN
          QH<="0000";
          QL<="0000";
        ELSIF (QL<"1001") THEN
          QL<=QL+1;
        ELSE
          QL<="0000";
          QH<=QH+1;
        END IF;
      END IF;
    END IF;
  END PROCESS;
END AA;
```

图 4.30　模块 CNT_24

（4）模块 DOU。模块 DOU 如图 4.31 所示。

80

```
LIBRARY IEEE;
USE IEEE.STD_LOGIC_1164.ALL;
ENTITY dou IS
  PORT(din,clk:IN std_logic;
       dout:OUT std_logic);
END dou;
ARCHITECTURE aa OF dou IS
SIGNAL x,y:std_logic;
BEGIN
  PROCESS(clk)
  BEGIN
    IF clk'event and clk='1' THEN
      x<=din;
      y<=x;
    END IF;
    dout<=x and (not y);
  END PROCESS;
END aa;
```

图 4.31　模块 DOU

（5）模块 SE。模块 SE 如图 4.32 所示。

```
LIBRARY IEEE;
USE IEEE.STD_LOGIC_1164.ALL;
USE IEEE.STD_LOGIC_UNSIGNED.ALL;
ENTITY SE IS
  PORT(CLK:IN STD_LOGIC;
       A:OUT STD_LOGIC_VECTOR(2 DOWNTO 0));
END SE;
ARCHITECTURE MIX OF SE IS
BEGIN
  PROCESS(CLK)
  VARIABLE B:STD_LOGIC_VECTOR(2 DOWNTO 0);
  BEGIN
    IF(CLK'EVENT AND CLK='1')THEN
      IF(B="111")THEN
        B:="000";
      ELSE
        B:=B+1;
      END IF;
    END IF;
    A<=B;
  END PROCESS;
END MIX;
```

图 4.32　模块 SE

（6）模块 QIT。模块 QIT 如图 4.33 所示。

81

```
LIBRARY IEEE;
USE IEEE.STD_LOGIC_1164.ALL;
ENTITY qit IS
  PORT(a,clk,clr:in std_logic;
       q:out std_logic);
END qit;
ARCHITECTURE aa OF qit IS
BEGIN
  PROCESS(clk)
  VARIABLE tmp:std_logic;
  BEGIN
    IF clr='0' THEN
      tmp:='0';
    ELSIF clk'event and clk='1' THEN
      IF a='1' THEN
        tmp:=not tmp;
      END IF;
    END IF;
    q<=tmp;
  END PROCESS;
END aa;
```

图 4.33 模块 QIT

（7）模块 MUX8_1。模块 MUX8_1 如图 4.34 所示。

```
LIBRARY IEEE;
USE IEEE.STD_LOGIC_1164.ALL;
USE IEEE.STD_LOGIC_UNSIGNED.ALL;
ENTITY mux8_1 IS
  PORT(C:IN STD_LOGIC_VECTOR(2 DOWNTO 0);
       A0,A1,A2,A3,B0,B1,B2,B3:IN STD_LOGIC_VECTOR(3 DOWNTO 0);
       D:OUT STD_LOGIC_VECTOR(3 DOWNTO 0));
END mux8_1;
ARCHITECTURE MIX OF mux8_1 IS
BEGIN
  PROCESS(C,A0,A1,A2,A3,B0,B1,B2,B3)
    BEGIN
      CASE c IS
      WHEN "000"=>D<=A0;
      WHEN "001"=>D<=A1;
      WHEN "010"=>D<=A2;
      WHEN "011"=>D<=A3;
      WHEN "100"=>D<=B0;
      WHEN "101"=>D<=B1;
      WHEN "110"=>D<=B2;
      WHEN "111"=>D<=B3;
```

图 4.34 模块 MUX8_1

```
            WHEN OTHERS=>D<="1111";
        END CASE;
     END PROCESS;
   END MIX;
```

（8）模块 DI。模块 DI 如图 4.35 所示。

```
LIBRARY IEEE;
USE IEEE.STD_LOGIC_1164.ALL;
USE IEEE.STD_LOGIC_UNSIGNED.ALL;
ENTITY DI IS
PORT(D:IN STD_LOGIC_VECTOR(3 DOWNTO 0);
     Q:OUT STD_LOGIC_VECTOR(6 DOWNTO 0));
END DI;
ARCHITECTURE MIX OF DI IS
BEGIN
  WITH D SELECT
     Q<="1111110" WHEN "0000",
        "0110000" WHEN "0001",
        "1101101" WHEN "0010",
        "1111001" WHEN "0011",
        "0110011" WHEN "0100",
        "1011011" WHEN "0101",
        "1011111" WHEN "0110",
        "1110000" WHEN "0111",
        "1111111" WHEN "1000",
        "1111011" WHEN "1001",
        "0000000" WHEN OTHERS;
END MIX;
```

图 4.35　模块 DI

4.7.3　智能函数发生器

1. 功能

该函数发生器能够产生递增斜波、递减斜波、方波、三角波、正弦波和阶梯波，可通过开关选择输出的波形。

2. 总体框图

智能函数发生器的总体框图如图 4.36 所示。它由 7 个模块组成：递增斜波模块（ZENG）、递减斜波模块（JIAN）、三角波模块（DELTA）、阶梯波模块（LADDER）、方波模块（SQUARE）、正弦波模块（SIN）、波形选择模块（SEL）。

3. 各模块的 VHDL 语言源程序

（1）模块 ZENG。模块 ZENG 如图 4.37 所示。

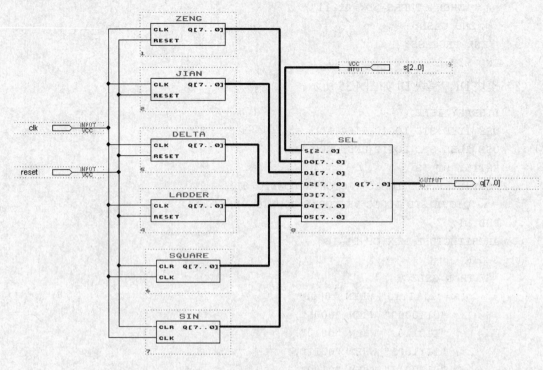

图 4.36　总体框图

```
LIBRARY IEEE;
USE IEEE.STD_LOGIC_1164.ALL;
USE IEEE.STD_LOGIC_UNSIGNED.ALL;
ENTITY ZENG IS
  PORT(clk,reset:in std_logic;
      q:out std_logic_vector(7 downto 0));
END ZENG;
ARCHITECTURE AA OF ZENG IS
BEGIN
  PROCESS(clk,reset)
  VARIABLE tmp:std_logic_vector(7 downto 0);
    BEGIN
      IF reset='0' THEN
        tmp:="00000000";
      ELSIF clk'event and clk='1' THEN
        IF tmp="11111111" THEN
          tmp:="00000000";
        ELSE
          tmp:=tmp+1;
        END IF;
      END IF;
    q<=tmp;
```

图 4.37　模块 ZENG

84

```
    END PROCESS;
  END AA;
```

（2）模块 JIAN。模块 JIAN 如图 4.38 所示。

```
LIBRARY IEEE;
USE IEEE.STD_LOGIC_1164.ALL;
USE IEEE.STD_LOGIC_UNSIGNED.ALL;
ENTITY JIAN IS
  PORT(clk,reset:in std_logic;
      q:out std_logic_vector(7 downto 0));
END JIAN;
ARCHITECTURE AA OF JIAN IS
BEGIN
  PROCESS(clk,reset)
  VARIABLE tmp:std_logic_vector(7 downto 0);
    BEGIN
      IF reset='0' THEN
        tmp:="11111111";
      ELSIF clk'event and clk='1' THEN
        IF tmp="00000000" THEN
          tmp:="11111111";
        ELSE
          tmp:=tmp-1;
        END IF;
      END IF;
    q<=tmp;
  END PROCESS;
END AA;
```

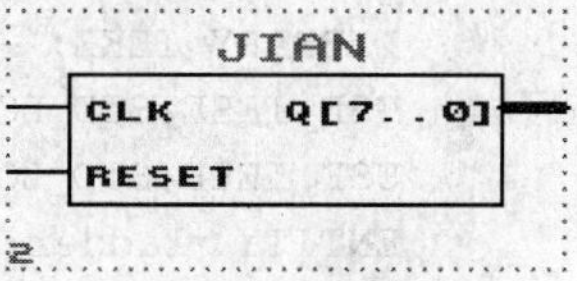

图 4.38 模块 JIAN

（3）模块 DELTA。模块 DELTA 如图 4.39 所示。

```
LIBRARY IEEE;
USE IEEE.STD_LOGIC_1164.ALL;
USE IEEE.STD_LOGIC_UNSIGNED.ALL;
ENTITY  DELTA  IS
  PORT(clk,reset:in std_logic;
      q:out std_logic_vector(7 downto 0));
END  DELTA;
ARCHITECTURE AA OF DELTA  IS
BEGIN
  PROCESS(clk,reset)
  VARIABLE tmp:std_logic_vector(7 downto 0);
  VARIABLE a:std_logic;
  BEGIN
      IF reset='0' THEN
```

```
        tmp:="00000000";
      ELSIF clk'event and clk='1' THEN
        IF a='0' THEN
          IF tmp="11111000" THEN
            tmp:="11111111";
            a:='1';
          ELSE
            tmp:=tmp+8;
          END IF;
        ELSE
          IF tmp="00000111" THEN
            tmp:="00000000";
            a:='0';
          ELSE
            tmp:=tmp-8;
          END IF;
        END IF;
      q<=tmp;
      END IF;
    END PROCESS;
  END AA;
```

图 4.39　模块 DELTA

（4）模块 LADDER。模块 LADDER 如图 4.40 所示。

```
LIBRARY IEEE;
USE IEEE.STD_LOGIC_1164.ALL;
USE IEEE.STD_LOGIC_UNSIGNED.ALL;
ENTITY ladder IS
  PORT(clk,reset:in std_logic;
       q:out std_logic_vector(7 downto 0));
END ladder;
ARCHITECTURE AA OF ladder IS
BEGIN
  PROCESS(clk,reset)
  VARIABLE tmp:std_logic_vector(7 downto 0);
  VARIABLE a:std_logic;
  BEGIN
    IF reset='0' THEN
      tmp:="00000000";
    ELSIF clk'event and clk='1' THEN
      IF a='0' THEN
        IF tmp="11111111" THEN
          tmp:="00000000";
          a:='1';
        ELSE
          tmp:=tmp+16;
          a:='1';
        END IF;
      ELSE
```

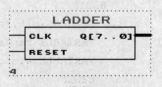

图 4.40　模块 LADDER

```
          a:='0';
         END IF;
       END IF;
     q<=tmp;
   END PROCESS;
 END AA;
```

（5）模块 SQUARE。模块 SQUARE 如图 4.41 所示。

```
LIBRARY IEEE;
USE IEEE.STD_LOGIC_1164.ALL;
ENTITY square IS
  PORT(clr,clk:in std_logic;
       q:out integer range 0 to 255);
END square;
ARCHITECTURE aa OF square IS
SIGNAL a:BIT;
BEGIN
  PROCESS(clr,clk)
  VARIABLE b:integer;
  BEGIN
    IF clr='0' THEN
      a<='0';
    ELSIF clk'event and clk='1' THEN
      IF b<31 THEN        --每32个时钟翻转一次，64个时钟为一个周期
        b:=b+1;
      ELSE
        b:=0;
        a<=not a;
      END IF;
    END IF;
  END PROCESS;
  PROCESS(clk,a)
  BEGIN
    IF clk'event and clk='1' THEN
      IF a='1' THEN
        q<=255;
      ELSE
        q<=0;
      END IF;
    END IF;
  END PROCESS;
END aa;
```

图 4.41　模块 SQUARE

（6）模块 SIN。模块 SIN 如图 4.42 所示。

```
LIBRARY IEEE;
USE IEEE.STD_LOGIC_1164.ALL;
USE IEEE.STD_LOGIC_UNSIGNED.ALL;
ENTITY sin IS
```

```
            PORT(clr,clk:in std_logic;
                q:out integer range 0 to 255);
        END sin;
        ARCHITECTURE aa OF sin IS
        BEGIN
          PROCESS(clr,clk)
          VARIABLE a:integer range 0 to 63;
          BEGIN
            IF clr='0' THEN
              q<=0;
            ELSIF clk'event and clk='1' THEN
              IF a=63 THEN
                a:=0;
              ELSE
                a:=a+1;
              END IF;
              CASE a IS
                WHEN  0=>q<=255;  WHEN  1=>q<=254;  WHEN  2=>q<=252;
                WHEN  3=>q<=249;  WHEN  4=>q<=245;  WHEN  5=>q<=239;
                WHEN  6=>q<=233;  WHEN  7=>q<=225;  WHEN  8=>q<=217;
                WHEN  9=>q<=207;  WHEN 10=>q<=197;  WHEN 11=>q<=186;
                WHEN 12=>q<=174;  WHEN 13=>q<=162;  WHEN 14=>q<=150;
                WHEN 15=>q<=137;  WHEN 16=>q<=124;  WHEN 17=>q<=112;
                WHEN 18=>q<=99;   WHEN 19=>q<=87;   WHEN 20=>q<=75;
                WHEN 21=>q<=64;   WHEN 22=>q<=53;   WHEN 23=>q<=43;
                WHEN 24=>q<=34;   WHEN 25=>q<=26;   WHEN 26=>q<=19;
                WHEN 27=>q<=13;   WHEN 28=>q<=8;    WHEN 29=>q<=4;
                WHEN 30=>q<=1;    WHEN 31=>q<=0;    WHEN 32=>q<=0;
                WHEN 33=>q<=1;    WHEN 34=>q<=4;    WHEN 35=>q<=8;
                WHEN 36=>q<=13;   WHEN 37=>q<=19;   WHEN 38=>q<=26;
                WHEN 39=>q<=34;   WHEN 40=>q<=43;   WHEN 41=>q<=53;
                WHEN 42=>q<=64;   WHEN 43=>q<=75;   WHEN 44=>q<=87;
                WHEN 45=>q<=99;   WHEN 46=>q<=112;  WHEN 47=>q<=124;
                WHEN 48=>q<=137;  WHEN 49=>q<=150;  WHEN 50=>q<=162;
                WHEN 51=>q<=174;  WHEN 52=>q<=186;  WHEN 53=>q<=197;
                WHEN 54=>q<=207;  WHEN 55=>q<=217;  WHEN 56=>q<=225;
                WHEN 57=>q<=233;  WHEN 58=>q<=239;  WHEN 59=>q<=245;
                WHEN 60=>q<=249;  WHEN 61=>q<=252;  WHEN 62=>q<=254;
                WHEN 63=>q<=255;  WHEN OTHERS=>NULL;
              END CASE;
            END IF;
          END PROCESS;
        END aa;
```

图 4.42 模块 SIN

（7）模块 SEL。模块 SEL 如图 4.43 所示。

```
LIBRARY IEEE;
USE IEEE.STD_LOGIC_1164.ALL;
ENTITY sel IS
  PORT(s:in std_logic_vector(2 downto 0);
        d0,d1,d2,d3,d4,d5:in std_logic_vector(7 downto 0);
        q:out std_logic_vector(7 downto 0));
END sel;
ARCHITECTURE aa OF sel IS
BEGIN
  PROCESS(s)
  BEGIN
    CASE s IS
      WHEN "000"=>q<=d0;
      WHEN "001"=>q<=d1;
      WHEN "010"=>q<=d2;
      WHEN "011"=>q<=d3;
      WHEN "100"=>q<=d4;
      WHEN "101"=>q<=d5;
      WHEN OTHERS=>NULL;
    END CASE;
  END PROCESS;
END aa;
```

图 4.43 模块 SIN

4.8 其他硬件描述语言简介

4.8.1 Verilog HDL

Verilog 是又一种用于数字电子系统设计的硬件描述语言。使用它，用户可以灵活地进行各种级别的逻辑设计，方便地进行数字逻辑系统的仿真和逻辑综合。

1983 年，Verilog 由 GDA 公司的一位职员创新而成，1989 年，Cadence 工公司收购 GDA 公司，两年后该公司将 Verilog 公布于众。IEEE 于 1995 年制定了 Verilog 语言的 IEEE 标准——IEEE 1364/1995。我国《集成电路/计算机硬件描述语言 Verilog》2001 年 10 月 1 日已正式实施。

Verilog HDL 是一种简洁清晰、功能强大、容易掌握、便于学习的硬件描述语言，只要有 C 语言的编程基础，在了解了 Verilog 的基本语法、建模方式等以后，再加上一定的上机操作，就能很快掌握这一新的设计技术。

Verilog 更详细的内容可参阅有关参考书，或访问有关网站（http://www.ovi.org；http://www.ece.cmu.edu；http://www.standard.ieee.org）。

4.8.2 ABEL-HDL

在设计现代数字电路与系统时，用户可以选择 ABEL-HDL 模式输入。这种输入要求用户按 ABEL-HDL 规定的格式和句法编写文件。

ABEL-HDL 源文件由模块组成。一个模块一般包括 5 个段：标题段、定义段、逻辑描述段、测试向量段和结束段。

ABEL-HDL 更详细的内容可参阅有关参考书。

本章小结

VHDL 是一种用于数字系统的设计和测试的硬件描述语言，具有通用性好、可读性强、可移植性好、描述能力强、设计与器件无关等特点。

VHDL 基本的程序结构包括 3 部分：库、程序包使用说明，实体说明和结构体说明。VHDL 的端口模式有输入（IN）、输出（OUT）、双向（INOUT）和缓冲（BUFFER）4 种类型。VHDL 的数据对象主要有常量、变量、信号和文件 4 种类型，必须"先说明，后使用"。

VHDL 常用的数据类型有整型（INTEGER）、位类型（BIT）、位序列（BIT_VECTOR）、工业标准逻辑类型（STD_LOGIC）和标准逻辑序列（STD_LOGIC_VETOR）。VHDL 的运算操作符主要有关系运算符、算术运算符、逻辑运算符、赋值运算符、关联运算符等。

顺序语句和并行语句是 VHDL 语言的基本语句。并行语句之间的关系是并行的，可以放在结构体的任意位置；顺序语句在执行时是顺序执行的，只能出现在进程或子程序中。顺序语句主要有信号赋值语句、变量赋值语句、IF 语句、CASE 语句、LOOP 语句、NEXT 语句、EXIT 语句、NULL 语句和 WAIT 语句等。并行语句有进程语句、并行信号赋值语句、条件信号赋值语句、选择信号赋值语句、块语句、元件例化语句和生成语句等。

VHDL 语言中的子程序有过程和函数两种类型。过程调用是一个语句，函数调用是一个表达式。

VHDL 的结构描述方法有行为描述、数据流描述、结构描述和混合描述。行为描述采用进程语句进行描述，数据流描述采用并行语句进行描述，结构描述采用模块化的层次结构进行描述，3 种描述方法可以混合使用。

思考题与习题

1. 什么是 VHDL？采用 VHDL 语言进行数字系统设计有哪些特点？
2. VHDL 的基本程序结构由哪几部分组成？各部分的功能分别是什么？
3. 写出与非门的实体说明。
4. 端口模式 OUT 与 BUFFER 有什么区别？
5. VHDL 的数据对象有哪几种？SIGNAL 和 VARIABLE 有什么区别？
6. 说明下面各定义的意义。

```
signal a , b : bit : ='0';
constant time1 ,time2 :time :=20ns;
variable x ,y : std_logic :='x';
```

7. 用 VHDL 设计实现一个三人表决电路。
8. 用进程语句描述带同步复位的 JK 触发器。
9. 分别用 CASE 语句和 IF 语句设计 BCD 码编码器，输入和输出均为低电平有效。
10. 利用 2 输入与非门（NAND2）和 2 输入异或门（XOR2）设计全加器。
11. 使用 FOR-GENARATE 设计全加器。
12. BLOCK 语句与 COMPONENT，PORT MAP 语句有什么区别？适用范围有什么不同？

13. 用 VHDL 设计一个三态输出的双 4 选 1 数据选择器。地址信号共用，各有一个低电平有效的控制端 EN。

14. 用 VHDL 设计一个 N 进制计数器。N 的范围为 1~100。

15. 用数据流描述设计一个 1 位全加器（ADDER1），再用结构描述将已设计好的加法器连接起来，构成一个 4 位全加器（ADDER4），最后设计一个 8 位全加器。

16. 用 VHDL 设计一个同步 100 进制计数器。输入：clk，输出：qh[3..0]，ql[3..0]。

17. 用 VHDL 设计实现 "11101010" 序列信号发生器。输入：clk，reset，输出：y。

18. 用 VHDL 设计实现键盘扫描。只要输入 CLK，便会自动且依序产生 1110→ 1101→ 1011→0111→1110（周而复始）4 个扫描信号输出。

19. 用 VHDL 设计一个自动饮料销售机。它的投币口每次只能投入一枚五角或一元的硬币，投入一元五角的硬币后机器自动给出一杯饮料；投入两元硬币后，再给出饮料的同时找回一枚五角的硬币；当所投硬币不足时，可以通过一个复位键退回所投硬币。

20. 用 VHDL 设计一个交通灯控制器。绿灯、黄灯、红灯的持续时间分别是 20s、5s、25s。用数码管以倒计时的方式显示允许通行或禁止通行的时间。

第 5 章　Multisim 9 设计软件的应用

5.1　Multisim 9 概述

　　Multisim 是一款完整的工具设计系统，它提供了一个非常大的元件数据库，并提供原理图输入接口、全部的数模 Spice 仿真功能、VHDL 和 Verilog HDL 设计接口和仿真功能、FPGA/CPLD 综合、RF 设计能力和处理功能，还可以实现从原理图到 PCB 数据包的无缝隙数据传输。它提供的单一易用的图形输入接口可以满足设计者的需求。Multisim 提供的全部先进设计功能，可以满足使用者从参数到产品的设计要求。由于可以将原理图输入、仿真和可编程逻辑紧密集成，所以使用者可以放心地进行设计工作，而不必顾及不同的应用程序之间传递数据时经常出现的问题。

　　本章概括了 Multisim 9 的各项主要功能，及建立一个基本电路，并进行仿真、分析的基本方法。

5.1.1　Multisim 9 的特点

1. Multisim 9 是全功能电路仿真系统

　　它可以完成元器件编辑、选取、放置，电路图编辑绘制，电路工作状况测试，电路特性分析，电路图报表输出、打印和档案的转出/转入等操作。

2. Multisim 9 是一个完整的电子系统设计工具

　　该软件是交互式 Spice 仿真和电路分析软件的最新版本，专用于原理图捕获、交互式仿真、电路板设计和集成测试。这个平台将虚拟仪器技术的灵活性扩展到了电子设计者的工作台上，弥补了测试与设计功能之间的缺口。

　　该软件为设计人员提供了大量的元件库，其中教育版提供了 13 000 种；为学生提供了虚拟的 3D 面包板实验平台和 3D 元件库，允许学生搭建他们的电路图并且在面包板上进行实验。

3. 具有强大的仿真分析功能

　　仿真分析是估算电路特性的一种数学方法。通过仿真分析不必构造具体的物理电路也不必使用实际的测试仪器，就可以基本确定电路的工作特性。

　　Multisim 9 提供了多达 24 种分析功能，如此多的分析功能是其他电路分析软件所不能比拟的，这也正是 Multisim 9 的特色之一。

4. 具有多种常用的虚拟仪表

　　Multisim 9 提供了多种常用的虚拟仪表，可以通过这些仪表观察电路的运行状态以及电路的仿真结果。它们的设置、使用和读数与实际的测量仪表类似，就像在实验室中使用仪表一样。

5. 与 NI 相关虚拟仪器软件的完美结合，提高了模拟及测试性能

在 Multisim 9 中与现实元件对应的元件模型丰富，增强了仿真电路的实用性；元件编辑器给用户提供了自行创建或修改所需元件模型的工具；元件之间的连接方式灵活，可创建子电路并允许当作一个元器件使用，从而增大了电路的仿真规模；它提供了多种输入输出接口，如可以输入由 Spice 等其他电路仿真软件所创建的 Spice 网表文件，并自动生成电路原理图。也可以把 Multisim 9 环境下创建的电路原理图文件输出给 Protel，专业版的 Multisim 9 还支持 VHDL 和 Verilog 语言等；NI 公司还推出了自己的 PCB 软件 Ultiboard 与 Multisim 9 配合使用，可以完成电路原理图输入、电路分析、仿真、制作印制电路板全套自动化工序，如果再加上自动布线模块 Ultiroute 和通信电路分析与设计模块 Commsim 等，功能就更加强大。另外，Multisim 9 提供目前众多通用电路仿真软件所不具备的射频电路仿真功能。

5.1.2　Multisim 9 的安装

1. Multisim 9 安装前的准备工作

为了能够成功地安装 Multisim 9，根据所安装的不同版本，要求硬盘分区至少有 150MB 的空间，并且需要管理员权限（Administration Privileges）。

如果要从低版本升级为 Multisim 9 版本，同时要导入元器件库的 corporate 和 user 库，那么可以按照以下步骤备份元器件库。

（1）查找以前所安装 multisim 的目录，如 C：\Program Files\Electronics Workbench\EWB8。

（2）复制整个\database 目录到一个临时目录下，如 D：\temp。

（3）整个库文件已经备份完毕，记住该备份文件所在位置。

2. 安装 Multisim 9

（1）将 Multisim 9 安装盘放入光驱，系统将自动启动 Multisim 9 的安装程序，安装的启动界面如图 5.1 所示。也可以将 Multisim 9 的安装文件复制到硬盘上进行安装。此时将会弹出准备安装 Multisim 9 软件的对话框，电脑先在计算机中检查是否已经安装了 Multisim 9，并提示请等候片刻，如图 5.2 所示。

图 5.1　Multisim 9 安装启动界面

（2）检查结果如果没有问题，将弹出欢迎安装 Multisim 9 软件对话框如图 5.3 所示，单击"Next"按钮，进入下一步安装。

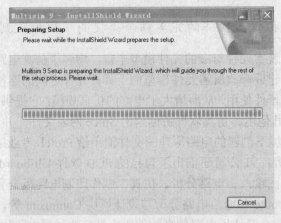

图 5.2　计算机自检对话框

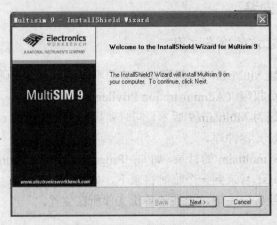

图 5.3　Multisim 9 欢迎安装界面

（3）此时将弹出 License Agreement（版权声明）对话框，如图 5.4 所示。阅读完后，选中"I accept the terms of the license agreement"单选按钮，再单击"Next"按钮继续。这是将弹出用户信息对话框如图 5.5 所示，要求用户输入相关信息，其中用户名和公司名可以任意填写，但序列号文本框中必须输入该软件的正确序列号，单击"Next"按钮，继续下一步安装。

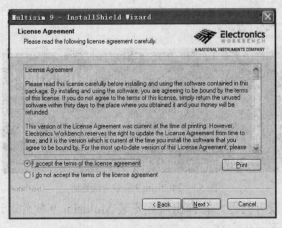

图 5.4　Multisim 9 版权声明对话框

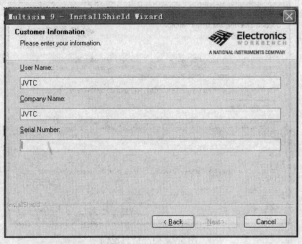

图 5.5 用户信息对话框

（4）如果软件序列号正确，将进入软件升级相关信息的设置，如图 5.6、图 5.7 所示。连续单击"Next"按钮。

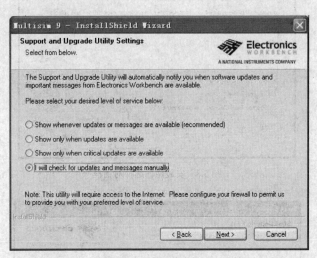

图 5.6 软件更新设置

（5）弹出图 5.8 所示的安装路径对话框，选择 Multisim 9 的安装位置，单击"Next"按钮继续，一般默认的安装位置为 C：\Program Files\Electronics Workbench\EWB9。此时将出现对话框再次确认核对安装路径和输入的序列号，并提示开始复制文件，直接单击"Next"进入下一步安装，如图 5.9 所示。此后计算机就开始正式安装软件如图 5.10～图 5.13 所示，持续单击"Next"按钮。

（6）再次要求接受软件使用协议，应单选"I accept the License Agreement（s）"，再单击"Next"按钮开始后续安装，如图 5.14～图 5.17 所示。

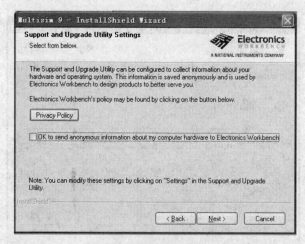

图 5.7　用户信息反馈

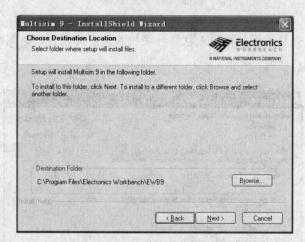

图 5.8　安装路径选择对话框

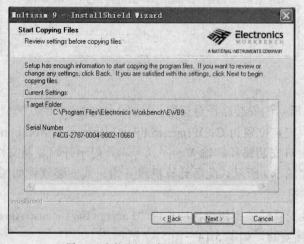

图 5.9　安装路径和序列号确认对话框

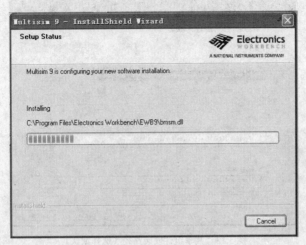

图 5.10　程序安装对话框

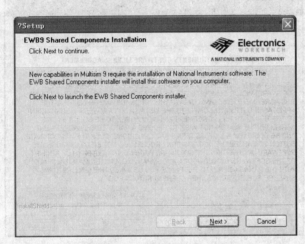

图 5.11　共享组件安装对话框

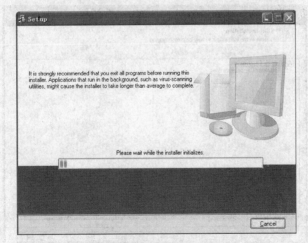

图 5.12　共享组件安装界面

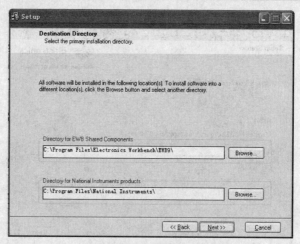

图 5.13　共享组件安装路径（选择默认）

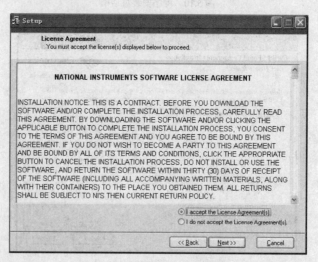

图 5.14　软件使用协议对话框

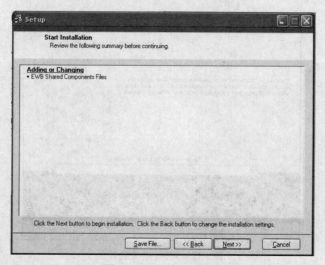

图 5.15　安装确认对话框

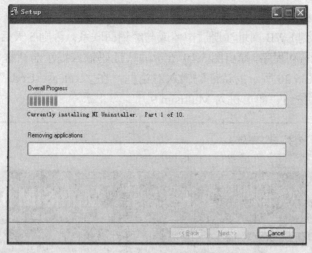

图 5.16 NI 组件安装对话框

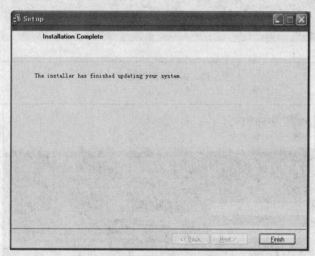

图 5.17 共享组件安装完成

（7）当弹出图 5.18 所示对话框时，单击"Finish"按钮，安装结束。

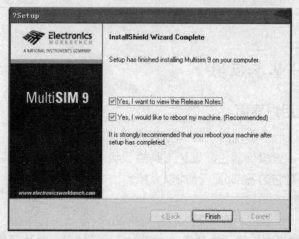

图 5.18 安装成功对话框

至此，Multisim 9 安装基本完成，可以开始使用了。但是，Multisim 9 还要求用户提交认证码，如果没有，可以到 EWB 网址注册后申请或与经销商联系；否则 5 天后此软件将无法使用。

（8）启动 Multisim 9 程序，弹出图 5.19 所示的认证码输入提示对话框，单击"Enter Release Code"按钮，弹出图 5.20 所示的认证码输入对话框，在"Release Code"文本框中输入认证码，单击"Accept"按钮，即可进入 Multisim 9。

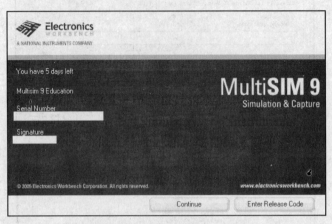

图 5.19　认证码输入提示对话框

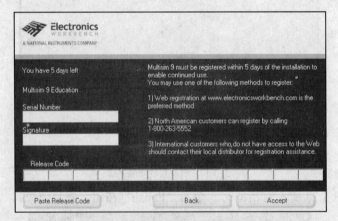

图 5.20　认证码输入对话框

5.2　Multisim 9 基本应用

5.2.1　Multisim 9 用户界面

启动 Multisim 9 以后，出现图 5.21 所示用户界面。它包含菜单栏、工具栏、元器件栏、仿真开关、电路窗口、虚拟仪器栏、设计工具栏、状态栏等，此操作界面就相当于一个虚拟电子实验平台。下面对它的各部分一一加以介绍。

1. 菜单栏

Multisim 9 的菜单栏中提供了文件操作、文本编辑、放置元器件等选项，如图 5.22 所示。

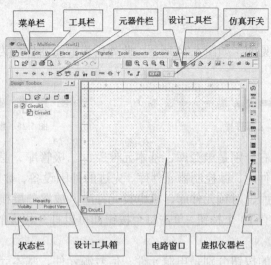

图 5.21　Multisim 9 用户界面

图 5.22　菜单栏

File 菜单：此菜单提供了打开、新建、保存文件等操作。

Edit 菜单：此菜单提供了取消、复制、剪切、粘贴、查找、选中、删除等操作。

View 菜单：此菜单提供了全屏显示、缩放用户界面、工具栏、电路窗口显示方式等功能。

Place 菜单：此菜单提供绘制仿真电路所需的元器件、节点、导线，各种连接接口，以及文本框、标题栏等文字内容。

Simulate 菜单：此菜单提供启停电路仿真和仿真所需的各种仪器仪表，提供对电路的各种分析，设置仿真环境以及 PSPICE、VHDL 等仿真操作。

Transfer 菜单：此菜单提供仿真电路的各种数据与其他 PCB 软件的数据相互传送的功能。

Tools 菜单：此菜单提供放大电路、滤波器、555 等各种常用电路。

Report 菜单：此菜单主要用于产生指定元器件存储在数据库中的所有信息和当前电路窗口中所有元器件的详细参数报告。

Options 菜单：此菜单提供根据用户需要自己设置电路功能、存放模式以及工作界面功能。

Window 菜单：此菜单提供对一个电路的各个多页子电路以及不同的各个仿真电路同时浏览的功能。

Help 菜单：单击 Help 菜单，可以打开帮助窗。

2. 工具栏

工具栏如图 5.23 所示，它包含了常用的基本功能按钮，与 Windows 应用程序的基本功能相同。

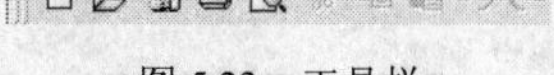

图 5.23　工具栏

3. 元器件栏

元器件栏是默认可见的，如图 5.24 所示。此处所说的元器件均为真实元器件，虚拟元器件如图 5.25 所示。

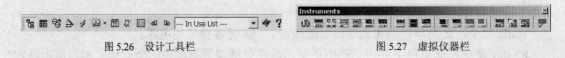

图 5.24　元器件栏　　　　　　　　　　图 5.25　虚拟元器件栏

元器件栏中从左至右分别是电源库、基本元件库、二极管库、晶体管库、模拟元件库、TTL 元件库、CMOS 元件库、微控制器元件库、先进的外围设备、数字元件库、混合元件库、指示元件库、其他元件库、射频元件库、机电类元件库、放置分层模块、放置总线。

虚拟元件工具栏共有 10 个按钮。单击每个按钮都可以打开相应的工具栏，利用该工具栏可以放置各种虚拟元件。

该工具栏从左至右的按钮分别是电源元件、信号源元件、基本元件、二极管元件、晶体管元件、模拟元件、其他元件、额定元件、3D 元件和测量元件。

4. 设计工具栏

设计工具栏如图 5.26 所示，利用该工具栏，可以把有关电路设计的原理图、PCB 板图、相关文件、电路的各种统计报告分类进行管理，还可以观察分层电路的层次结构。

该工具栏从左至右的按钮分别是：层次项目、层次电子数据表、数据库、元器件编辑器、仿真、图形编辑器分析、后分析、电气性能测试、显示印制电路板、打开 Ultiboard Log File、保存 Ultiboard PCB、当前所使用的所有元器件列表和帮助信息。

5. 虚拟仪器栏

虚拟仪器工具栏如图 5.27 所示，在 Multisim 9 中提供了 20 种仪表．仪表工具栏通常位于电路窗口的右边，也可以将其拖至菜单栏的下方，呈水平状。

图 5.26　设计工具栏　　　　　　　　　图 5.27　虚拟仪器栏

该工具栏从左至右的按钮依次为数字万用表、函数发生器、瓦特表、双通道示波器、四通道示波器、波特图仪、频率计、字信号发生器、逻辑分析仪、逻辑转换器、IV 分析仪、失真度仪、频谱分析仪、网络分析仪、Agilent 信号发生器、Agilent 万用表、Agilent 示波器。

6. 电路窗口

电路窗口是用来进行创建、编辑电路图，仿真分析以及波形显示的地方。

7. 设计工具箱

设计工具箱如图 5.28 所示，它位于基本工作界面的左半部分，使用它可进行电路的建立、仿真、分析并最终输出设计数据（虽然菜单栏中也已包含了这些设计功能，但使用该设计工具栏进行电路设计将会更方便快捷）。

设计工具栏按钮共有以下 9 个（从左至右）。

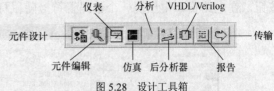

图 5.28　设计工具箱

元件"Component"按钮：用以确定存放元器件模型的元件工具栏是否放到界面上。

元件编辑器"Component Editor"按钮：调整或增加元件。

元件"Instruments"按钮：用以给电路添加仪表或观察仿真结果。

仿真"Simulate"按钮：用以确定开始、暂停或结束电路仿真。

分析"Analysis"按钮：选择要进行的分析。

后处理"Postprocessor"按钮：用以进行对仿真结果的进一步操作。

"VHDL/Verilog"按钮：用以使用 VHDL/Verilog 模型进行设计。

报告"Reports"按钮：打印相关电路的报告。

传输"Transfer"按钮：与其他程序如 Ultiboard 进行通信，也可将仿真结果输出到像 MathCAD 和 Excel 这样的应用程序。

5.2.2　绘制电路的基本操作方法

这里将引导大家建立并仿真一个简单的电路。第一步是选择要使用的元件，放置在电路窗口中希望的位置上；第二步是选择希望的方向，连接元件以及进行其他的设计准备。

下面要创建的是一个简单的具有显示功能的十进制计数器电路。

1.　开始创建电路文件

运行 Multisim 9 之后，就会自动打开名为"Circuit1"的电路图。在这个电路图的电路窗口中，没有任何元件及连线，也就是说，此时电路窗口只是类似于做实验的一块面包板，电路图还是需要自己来创建的。

新建一个仿真电路，也可以单击"File"→"New"菜单项，或者使用快捷键"Ctrl+N"，打开一个空白的电路文件。电路窗口的颜色、尺寸和显示模式均采用默认设置。

2.　放置元件

放置元件的方法一般包括：利用元件工具栏放置元件；通过单击 Place→Component 菜单项放置元件；在电路窗口右击，利用弹出菜单 Place Component 放置元件以及利用快捷键 Ctrl+W 放置元件 4 种途径。第 1 种方法适合已知元件在元件库的哪一类中，其他 3 种方式须打开元件库对话框，然后进行分类查找。

（1）放置第一个元件。

第一步，放置七段共阳极数码管 LED1。

① 在元件工具栏中单击"Place Indicator"按钮，打开 Select a Component 窗口，在该窗口中，在"Database"下拉列表中选择"Master Database"，在"Group"下拉列表框中选择"Indicators"，如图 5.29 所示。在"Family"列表框中单击"HEX_DISPLAY"，在"Componet"

列表框中找七段共阳极数码管（SEVEN_SEG_DECMAI_COM_A_BLUE），然后单击"OK"按钮。在电路窗口中出现一个数码管符号随鼠标指针移动。

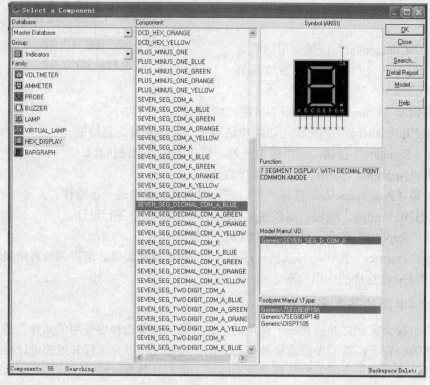

图 5.29　放置 LED 数码管

② 将鼠标指针移至适当的位置后，单击，即可将数码管放置于此，其元件序号为"U1"。右击可取消本次操作。

第二步，改变元件属性。

若要改变元件的属性，可以通过双击元件弹出相应的元件属性对话框。如图 5.30 所示。在"Label"文本框中输入"LED1"，单击"确定"按钮。

（2）放置下一个元件。

第一步，放置电阻。在元件工具栏中单击"Place Basic"按钮，弹出 Select a Component 窗口，在"Family"列表框中选择"RESISTOR"电阻，在"Filter"下拉列表中选择电阻单位（ALL/Ω/kΩ/MΩ）和精度等级（ALL/1%/5%），如图 5.31 所示。双击"200Ω5%"电阻，或选择后单击"OK"按钮，在电路窗口中出现一个电阻符号，将鼠标指针移至适当的位置后，单击，即可将一个"200Ω5%"的电阻放置于此。右击可取消本次操作。

第二步，旋转电阻。为了连线方便，需要旋转电阻。

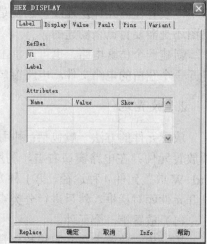

图 5.30　元件属性对话框

右击电阻，弹出快捷菜单，单击 90 Clockwise 菜单项，旋转电阻。如果有需要，特别是在对电阻进行了数次旋转后，又不喜欢标号的显示方式时，可以移动元件的标号。例如，要移动元件的参考 ID，只需单击并拖动它即可，或者利用键盘上的方向键，使标号每次移动一个格点。

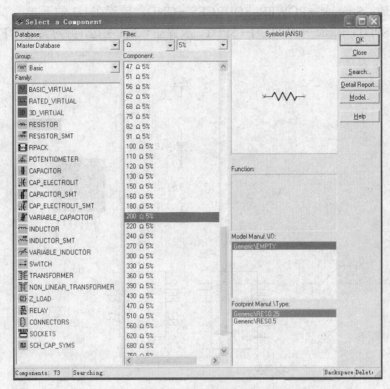

图 5.31　放置电阻元件

3．元件的基本操作

不论是虚拟元件还是真实元件，其基本操作是相同的。元件的基本操作主要包括放置、删除、旋转、移动、复制、剪切和粘贴以及替换等。关于放置和旋转操作，前面已经叙述，下面介绍其他操作。

（1）移动：单击并按住要移动的元件不放，拖动其到目标地后松开鼠标即可。

（2）删除：选中要删除的元件按"Delete"键即可，或者右击从弹出的菜单中单击"Delete"菜单项。

（3）改变元件状态：右击目标元件弹出快捷菜单。

（4）复制、剪切和粘贴：选中要编辑的元件，右击，从弹出的菜单中单击相应的菜单项。

（5）替换：双击元件打开相应的元件属性对话框，单击"Replace"按钮，弹出"Select a Component"窗口，选择一个元件，单击"OK"按钮即可。

4．放置其他元件

按照以上步骤将下列元件放置在图 5.32 中所示的位置。

（1）红色发光二极管 LED1：Diodes→LED→LED_red，放置在 R1 的正上方。

（2）5V 电源电压 VCC：Sources→POWER_SOURCES→VCC，放置在 U1 和 R1 的正上方。

（3）一片 74LS47：TTL→74LS→74LS47N，放置在 U1 的下方。

（4）一片 74LS190：TTL→74LS→74LS190N，放置在 R1 的下方。

（5）数字地：Sources→POWER_SOURCES→GND，放置在 U3 的下方。

（6）开关 SPDT：Basic→SWITCH→SPDT，放置在 U3 的左边，并对其进行 Flip Horizontal 操作。

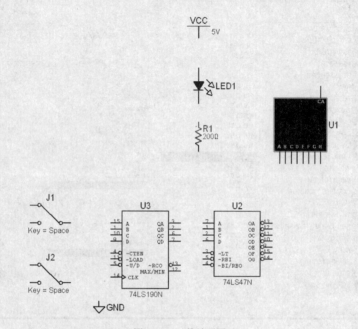

图 5.32　元件放置图

5. 保存当前工作电路图

单击"File"→"Save"菜单项，弹出保存文件对话框，选择保存文件的位置，输入文件名"5-1"，默认扩展名为"*.ms9"，单击"保存"按钮，当前电路保存为"5-1.ms9"。

6. 改变任意一个元件的标号

（1）双击元件弹出元件属性对话框。

（2）单击"Label"标签，输入或调整标号（由字母与数字组成，不得含有特殊字符或空格）。

（3）单击"Cancel"按钮，取消改变。单击"OK"按钮，保存改变。

7. 改变任意一个元件的颜色

右击元件从弹出菜单中单击"Color"菜单项，从弹出的对话框中选择合适的颜色。

8. 改变任意一个元件标识的字体

右击元件从弹出菜单中单击"Font"菜单项，从弹出的对话框中选择合适的字体。

9. 给元件连线

Multisim 9 提供了自动与手工两种连线方法。自动连线通过选择管脚间最好的路径来自动完成连线，可以避免连线通过元件和连线重叠；手工连线要求用户控制连线路径。也可以将自动连线与手工连线结合使用，例如，先用手工连线，然后再让 Multisim 自动地完成连线。

（1）自动连线。将鼠标指针指向起点元件的引脚，此时，鼠标指针变成十字状，单击确定本次连线起点，将鼠标指针移至终点元件的引脚或其他可连接的物体，可自动完成连线。

下面将开始为 V_{CC} 和红色发光二极管 LED1 连线。

第一步：单击 V_{CC} 下边的管脚，鼠标指针变成十字状，单击确定本次连线起点。

第二步：移动鼠标指针到二极管 LED1 上方管脚，单击该管脚，待鼠标指针变为十字状时，单击，两个元件之间就自动完成了连线。

第三步：用自动连线完成下列连接。

将 LED1 连接到 R1 上端引脚，U1 的 CA 引脚连接到 V_{CC}，R1 下端引脚连接到 U3 的～RCO 引脚，U2 的 A、B、C、D 引脚连接到 U3 的 QA、QB、QC、QD 引脚，U2 的～LT、～RBI、～BI/RBO 引脚分别连接到 V_{CC}，U3 的置数端 A、B、C、D 和～U/D 引脚分别连接到 DGND，U2 的 QA、QB、QC、QD、QE、QF、QG 引脚分别对应连接到数码管 U1 的 A~G 引脚。完成之后的效果如图 5.33 所示。

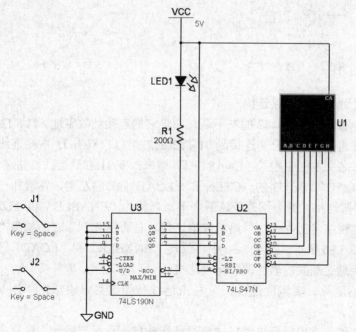

图 5.33　电路自动连线结果

（2）手动连线。除了自动连线外，还可手动进行连线。两者操作上的区别在于，手动连线在固定了连线起点后，并不直接固定连线的终点，而是在需要拐弯处单击固定拐点，通过这样的方法控制连线的走势。

第一步：控制连线路径。

现在要将开关 J1 左上端连接到 J2 左上端的节点上，使用手工连线可以精确地控制路径，其具体操作步骤如下。

单击 JI 左上端的节点，向元件的左方拖动连线，连线的位置是"固定的"。拖动连线至元件左方几个节点的位置，再次单击。向下拖动连线到与 J2 左上端的节点平行时，再次单击。拖动连线至 J2 左上端的节点，再次单击，结果如图 5.34 所示。

第二步：线与线之间的连接。

Multisim 9 防止将两根连线连接到同一管脚，这样可以避免错误连线。现在从 JI 的左上端连续的拐弯处开始进行，若要从连线中间开始连线到 V_{CC} 与 LED1 的连线上，需要在连线上增加节点，操作步骤如下。

单击"Place"→"Junction"菜单项或者按"Ctrl + J"组合键鼠标指针提示已经做好放置节点准备。单击 J1 的左上端连线的拐弯处放置节点，节点出现在连线上，如图 5.35 所示。单击节点移动鼠标指针到 V_{CC} 与 LED1 的连线上，当出现十字光标时，单击即可完成连线设置。

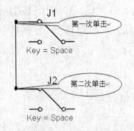

图 5.34 连线路径控制

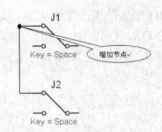

图 5.35 放置节点

第三步：计数器控制电路连接。

仿照上述步骤，连接 J1、J2 的左下端，并将它们连接到数字地。J1、J2 的右端右侧各增加一个节点，并将两个节点分别连接到 J1、J2 的右端点。双击 J1 右侧连线，弹出网络节点对话框，在网络名文本框中输入"ENABLE"，用来改变 J1 右侧连线网络名。改变 J2 右侧连线网络名为"LOAD"。在 U3 的～CTEN 和～LOAD 引脚的左侧，各增加一个节点，并分别与 U3 这两个引脚连接。并分别改变这两个节点名称为"ENABLE"和"LOAD"，当弹出提示对话框提示"网络名已存在，网络名虚拟连接，是否继续？"时，单击"是"按钮继续。其连接结果如图 5.36 所示。在图 5.36 中，虽然"ENABLE"和"LOAD"没有通过线连接，但是实际上已经通过相同的名称做了电气连接。

（3）连线的删除。要删除连线，可右击连线从弹出菜单中单击"Delete"菜单项或按"Delete"键即可。

（4）修改连线。选中目标连线后，将鼠标指针移至目标连线上，鼠标指针变为上下的箭头，通过上下移动鼠标可将连线上下平移；在所需操作拐点上右击，此时目标拐点变为选中状态，将鼠标指针移至拐点上，单击，通过拖动拐点可改变拐点的位置。

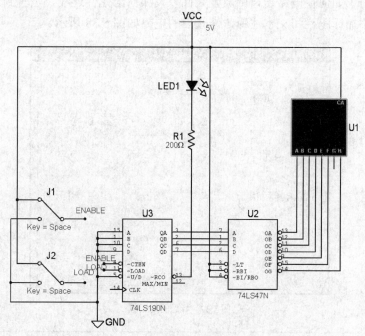

图 5.36　可控制计数器

（5）交叉点。Multisim 9 默认丁字交叉线为互连、"导通"状态：十字交叉线为"不导通"状态，对此，可分段进行连线，先从起点到交叉点，再从交叉点到终点，这样即可解决交叉线的导通问题。

10. 为电路增加文本

Multisim 9 允许增加标题栏和文本来注释电路。

（1）增加标题栏。单击"Place"→"Title Block"菜单项，弹出打开文件对话框，单击标题栏模板文件，再单击"打开"按钮，在电路绘图窗口出现标题栏虚框，移动鼠标指针到指定位置，放置在标题栏上。双击标题栏，弹出属性修改对话框，输入相应信息，如图 5.37 所示。

（2）添加文本。为了方便对电路图的理解，有必要在某些重要部分添加适当文字说明以及给电路添加标题栏等，Multisim 9 中的文字说明中英文皆可。

① 添加文本：单击"Place"→"Text"菜单项，单击电路窗口，出现文本输入框，输入文本，例如"控制电路"。

② 删除文本：要删除文本，右击文本框，从弹出菜单中单击"Delete"菜单项或者按"Delete"键即可。

③ 修改文本：若要更改变文本的颜色，右击文本框然后从弹出菜单中单击"Color"菜单项，选择合适的颜色。若要编辑文本，单击文本框编辑文本，单击文本框以外任一处结束编辑。若要移动文本框，单击并拖动文本框到新位置即可。若要改变字体右击文本框，从弹出菜单中单击"Font"菜单项，选择合适的字体、字形和字号。

现在已学习了如何往电路窗口中放置元件以及如何给元件连线，也看到了一些有关窗口式样的选择，添加标题栏和文本注释，修改后的电路如图 5.38 所示。

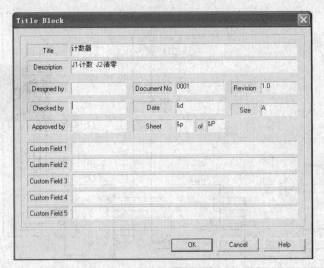

图 5.37　标题栏对话框

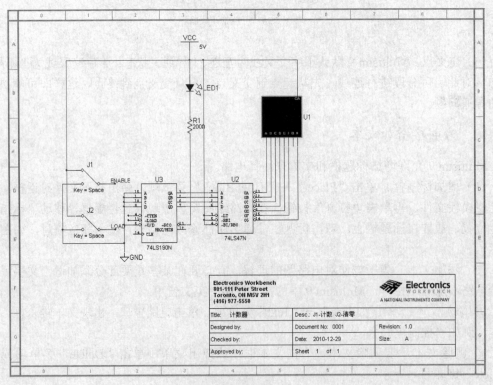

图 5.38　计数器电路

11.　保存电路

养成随时保存文件的良好习惯是十分有必要的，在 Multisim 9 中保存文件的过程类似于其他 Windows 应用软件,具体操作步明如下。

(1)单击"File"→"Save"菜单项,弹出保存文件对话框;

(2)按照对话框提示,输入文件名"sample",单击"保存"按钮即可。

5.3　Multisim 9 元件与元件库

元件是电路组成的基本元素,因而电路仿真软件也离不开元件。Multisim 9 将各种元件模型的元件组合在一起构成元件库,元件库中每个元件模型都含有创建电路图所需的元件符号、仿真模型、元件封装以及其他电气特性。

5.3.1　Multisim 9 元件库

Multisim 9 软件把所有元件分成 14 个子库,它们分别包括电源库、基本元件库、二极管库、晶体管库、模拟元件库、TTL 元件库、CMOS 元件库、其他数字元件库、混合器件库、指示器件库、其他器件库、控制器件库、射频元件库和机电类器件库。

(1)电源库:其对应元器件系列如图 5.39 所示。

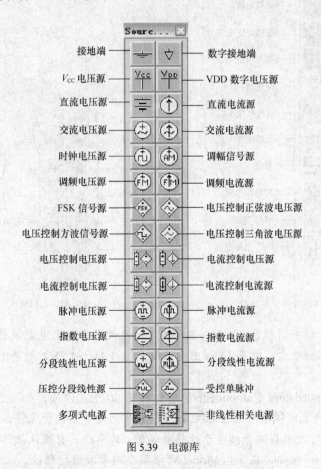

图 5.39　电源库

(2)基本元件库:包含现实元件箱 18 个,虚拟元件箱 7 个,如图 5.40 所示。虚拟元件箱中的元件(带绿色衬底者)不需要选择,而是直接调用,然后再通过其属性对话框设置其参数值。不过，在选择元件时还是应该尽量到现实元件箱中去选取，这不仅是因为选用现实元件能使仿真更接近于现实情况，还因为现实的元件都有元件封装标准，可将仿真后的电路原理图直接转换成 PCB 文件。但在选取不到某些参数，或者要进行温度扫描或参数扫描等分析时，就要选用虚拟元件。

（3）二极管库：二极管库中包含 10 个元件箱，如图 5.41 所示。该图中虽然仅有一个虚拟元件箱，但发光二极管元件箱中存放的是交互式元件，其处理方式基本等同于虚拟元件。

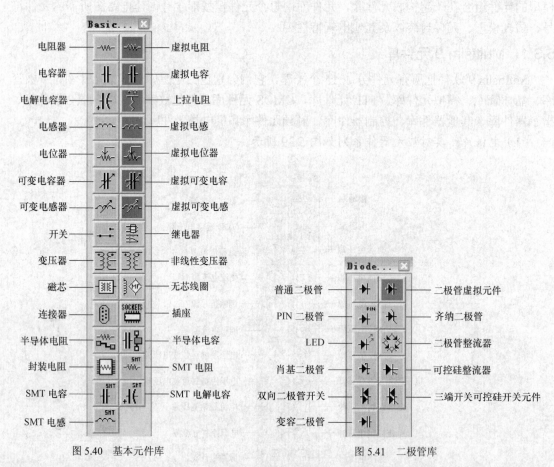

图 5.40　基本元件库　　　　　　　　图 5.41　二极管库

发光二极管有 6 种不同颜色，使用时应注意，该元件只有正向电流流过时才产生可见光，其正向压降比普通二极管大。红色 LED 正向压降约为 1.1V～1.2V，绿色 LED 的正向压降约为 1.4V～1.5V。

（4）晶体管（Transistors Components）库：共有 30 个元件箱，如图 5.42 所示。其中，14 个现实元件箱中的元件模型对应世界主要厂家生产的众多晶体管元件，具有较高精度。另外 16 个带绿色背景的虚拟晶体管相当于理想晶体管，其参数具有默认值，也可打开其属性对话框，单击 Edit Model 按钮，在 Edit Model 对话框中对参数进行修改。

（5）模拟元件（Analog Components）库：对应元件系列如图 5.43 所示。

（6）TTL 元（器）件（TTL）库：对应元件系列如图 5.44 所示。

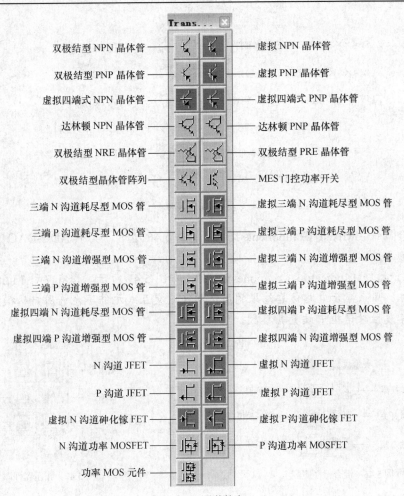

图 5.42 晶体管库

左侧（从上到下）：
双极结型 NPN 晶体管
双极结型 PNP 晶体管
虚拟四端式 NPN 晶体管
达林顿 NPN 晶体管
双极结型 NRE 晶体管
双极结型晶体管阵列
三端 N 沟道耗尽型 MOS 管
三端 P 沟道耗尽型 MOS 管
三端 N 沟道增强型 MOS 管
三端 P 沟道增强型 MOS 管
虚拟四端 N 沟道耗尽型 MOS 管
虚拟四端 P 沟道增强型 MOS 管
N 沟道 JFET
P 沟道 JFET
虚拟 N 沟道砷化镓 FET
N 沟道功率 MOSFET
功率 MOS 元件

右侧（从上到下）：
虚拟 NPN 晶体管
虚拟 PNP 晶体管
虚拟四端式 PNP 晶体管
达林顿 PNP 晶体管
双极结型 PRE 晶体管
MES 门控功率开关
虚拟三端 N 沟道耗尽型 MOS 管
虚拟三端 P 沟道耗尽型 MOS 管
虚拟三端 N 沟道增强型 MOS 管
虚拟三端 P 沟道增强型 MOS 管
虚拟四端 P 沟道耗尽型 MOS 管
虚拟四端 N 沟道增强型 MOS 管
虚拟 N 沟道 JFET
虚拟 P 沟道 JFET
虚拟 P 沟道砷化镓 FET
P 沟道功率 MOSFET

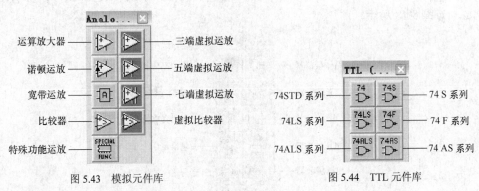

图 5.43 模拟元件库

运算放大器 —— 三端虚拟运放
诺顿运放 —— 五端虚拟运放
宽带运放 —— 七端虚拟运放
比较器 —— 虚拟比较器
特殊功能运放

图 5.44 TTL 元件库

74STD 系列 —— 74 S 系列
74LS 系列 —— 74 F 系列
74ALS 系列 —— 74 AS 系列

使用 TTL 元件库时，器件逻辑关系可查阅相关手册或利用 Multisim 9 的帮助文件。有些器件是复合型结构，在同一个封装里有多个相互独立的对象。如 7400N，有 A、B、C、D4 个功能完全相同的二端与非门，可在选用器件时弹出的选择框中任意选取。

（7）MOS 元（器）件库：如图 5.45 所示。

（8）其他数字元件（Misc. Digital Components）库：实际上是用 VHDL、Verilog-HDL 等其他高级语言编辑的虚拟元件按功能存放的数字元件，不能转换为版图文件。

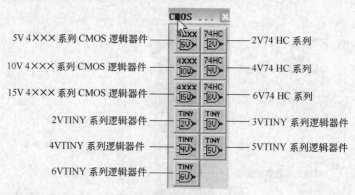

图 5.45   CMOS 器件库

（9）混合器件（Mixed Components）库：如图 5.46 所示，其中 ADC-DAC 虽无绿色衬底也属于虚拟元件。

（10）指示器件（Indicators Components）库：如图 5.47 所示，含有 7 种 Multisim 9 称之为交互式元件、用来显示电路仿真结果的显示器件。交互式元件不允许用户从模型上进行修改，只能在其属性对话框中设置其参数。

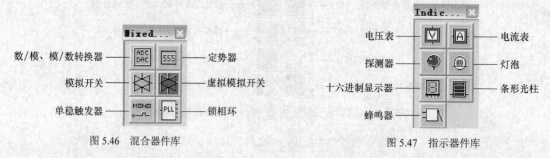

图 5.46   混合器件库

图 5.47   指示器件库

（11）其他器件（Misc. Components）库：是把不便化归于某一类型元件库中的元件放在了一起。如图 5.48 所示。

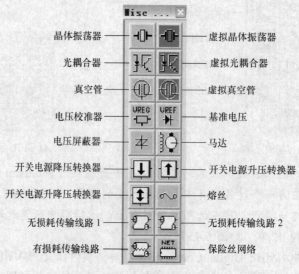

图 5.48   其他器件库

114

（12）控制器件（Controls Components）库：其中有 12 个常用控制模块，如图 5.49 所示，虽无绿色衬底，仍属虚拟元件。

图 5.49　控制器件库

（13）射频元件（RF Components）库：如图 5.50 所示，提供了一些适合高频电路的元件，这是目前众多电路仿真软件所不具备的。当信号处于高频工作状态时，电路元件的模型要产生质的改变。

（14）机电类器件（Electro-Mechanical Components）库：该库共包含 8 个元件库，除线性变压器外，都属于虚拟的电工类器件，如图 5.51 所示。

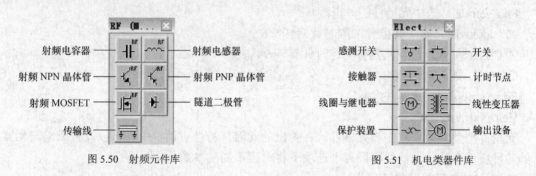

图 5.50　射频元件库　　　　　　　　　　图 5.51　机电类器件库

5.3.2　Multisim 9 元件的基本操作

常用的元器件编辑功能有 90 Clockwise（顺时针旋转 90°）、90 CounterCW（逆时针旋转 90°）、Flip Horizontal（水平翻转）、Flip Vertical（垂直翻转）、Component Properties（元件属性）等。这些操作可以在菜单栏 Edit 子菜单下选择命令，也可以应用快捷键进行快捷操作。

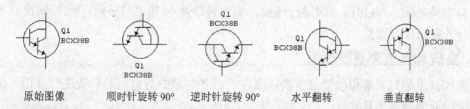

原始图像　　　　顺时针旋转 90°　　逆时针旋转 90°　　水平翻转　　　　垂直翻转

5.4　虚拟仪器

Multisim 9 提供了丰富的电路仿真功能，其中所提供的各种电路测试仪器仪表是该软件最具特色的功能之一。这些仪器能够逼真地与电路原理图放置在同一个操作界面里，对实验进行各种测试。

Multisim 9 的仪器仪表库提供了包含交流和直流测量类仪器、数字逻辑测试类仪器、射频测量类仪器和仿真 Agilent 仪器等 4 类虚拟仪器仪表。

虚拟仪器仪表的调用方法有两种。

① 在虚拟仪表工具栏中，单击所要添加的仪表，在电路窗口中出现一个移动仪表符号，移至适当位置后单击鼠标左键，则放置一个相应的仪表。

② 通过菜单来调用的方法为：单击 "Simulate" → "Instruments" 菜单项，选择相应的仪表，在电路窗口中出现一个移动仪表符号，移至适当位置后单击鼠标左键，即可放置一个相应的仪表。

在元器件栏中单击要选择的元器件库图标，打开该元器件库。在屏幕出现的元器件库对话框中选择所需的元器件，选中元器件，单击鼠标右键，在菜单中出现下列操作命令：

Cut：剪切；

Copy：复制；

Flip Horizontal：选中元器件的水平翻转；

Flip Vertical：选中元器件的垂直翻转；

90 Clockwise：选中元器件的顺时针旋转 90°；

90 CounterCW：选中元器件的逆时针旋转 90°；

Colour：设置器件颜色；

Edit Symbol：设置器件参数；

Help：帮助信息。

元器件特性参数：双击该元器件，在弹出的元器件特性对话框中，可以设置或编辑元器件的各种特性参数。元器件不同每个选项下将对应不同的参数。

例如，NPN 三极管的选项为：

```
Label —— 标识
Display —— 显示
Value —— 数值
Fault —— 故障
输入/输出
```

单击 "Place" → "HB" → "SB Connecter" →命令，屏幕上会出现输入/输出符号，将该符号与电路的输入/输出信号端进行连接。子电路的输入/输出端必须有输入/输出符号，否则无法与外电路进行连接。

5.4.1　交流和直流测量类仪器

交流和直流测量类虚拟仪器是主要用来在领域和时域中对电路的参数进行分析、测试和电路故障诊断的测量工具。

1. 数字万用表

Multisim 9 提供的万用表外观和操作与实际的万用表相似，可以测电流（A）、电压（V）、电阻（Ω）和分贝值（dB），测直流或交流信号。万用表有正极和负极两个引线端，如图 5.52 所示。

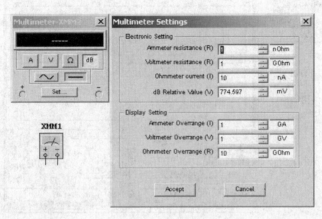

图 5.52　数字万用表

2. 函数发生器

Multisim 9 提供的函数发生器可以产生正弦波、三角波和矩形波，信号频率可在 1Hz 到 999MHz 范围内调整。信号的幅值以及占空比等参数也可以根据需要进行调节。信号发生器有 3 个引线端口：负极、正极和公共端，如图 5.53 所示。

3. 瓦特表

Multisim 9 提供的瓦特表用来测量电路的交流或者直流功率，瓦特表有 4 个引线端口：电压正极和负极、电流正极和负极，如图 5.54 所示。

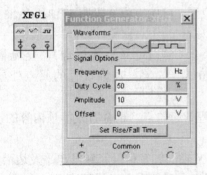

图 5.53　函数发生器

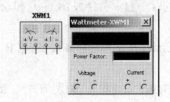

图 5.54　瓦特表

4. 双通道示波器

Multisim 9 提供的双通道示波器与实际的示波器外观和基本操作基本相同，该示波器可

117

以观察一路或两路信号波形的形状，分析被测周期信号的幅值和频率，时间基准可在秒直至纳秒范围内调节。示波器图标有 4 个连接点：A 通道输入、B 通道输入、外触发端 T 和接地端 G，如图 5.55 所示。

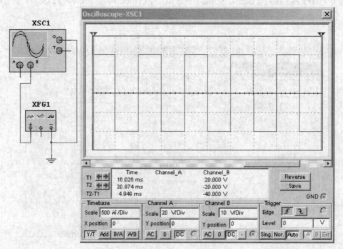

图 5.55　双通道示波器

示波器的控制面板分为 4 个部分。

（1）Time base（时间基准）。

Scale（量程）：设置显示波形时的 X 轴时间基准。

X position（X 轴位置）：设置 X 轴的起始位置。

显示方式设置有 4 种：Y/T 方式指的是 X 轴显示时间，Y 轴显示电压值；Add 方式指的是 X 轴显示时间，Y 轴显示 A 通道和 B 通道电压之和；A/B 或 B/A 方式指的是 X 轴和 Y 轴都显示电压值。

（2）Channel A（通道 A）。

Scale（量程）：通道 A 的 Y 轴电压刻度设置。

Y position（Y 轴位置）：设置 Y 轴的起始点位置，起始点为 0 表明 Y 轴和 X 轴重合，起始点为正值表明 Y 轴原点位置向上移，否则向下移。

触发耦合方式：AC（交流耦合）、0（0 耦合）或 DC（直流耦合），交流耦合只显示交流分量，直流耦合显示直流和交流之和，0 耦合，在 Y 轴设置的原点处显示一条直线。

（3）Channel B（通道 B）。通道 B 的 Y 轴量程、起始点、耦合方式等项内容的设置与通道 A 相同。

（4）Tigger（触发）。触发方式主要用来设置 X 轴的触发信号、触发电平及边沿等。

Edge（边沿）：设置被测信号开始的边沿，设置先显示上升沿或下降沿。

Level（电平）：设置触发信号的电平，使触发信号在某一电平时启动扫描。

触发信号选择：Auto（自动）、通道 A 和通道 B 表明用项应的通道信号作为触发信号；ext 为外触发；Sing 为单脉冲触发；Nor 为一般脉冲触发。

5. 四通道示波器

四通道示波器与双通道示波器的使用方法和参数调整方式完全一样，只是多了一个通道控制器旋钮，当旋钮拨到某个通道位置，才能对该通道的 Y 轴进行调整，如图 5.56 所示。

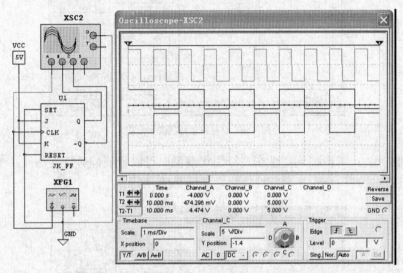

图 5.56　四通道示波器

6. 波特图仪

利用波特图仪可以方便地测量和显示电路的频率响应，波特图仪适合于分析滤波电路或电路的频率特性，特别易于观察截止频率。需要连接两路信号，一路是电路输入信号，另一路是电路输出信号，需要在电路的输入端接交流信号。

波特图仪控制面板分为 Magnitude（幅值）或 Phase（相位）的选择、Horizontal（横轴）设置、Vertical（纵轴）设置、显示方式的其他控制信号，面板中的 F 指的是终值，I 指的是初值。在波特图仪的面板上，可以直接设置横轴和纵轴的坐标及其参数。

例如：构造一阶 RC 滤波电路，输入端加入正弦波信号源，电路输出端与示波器相连，目的是为了观察不同频率的输入信号经过 RC 滤波电路后输出信号的变化情况，如图 5.57 所示。

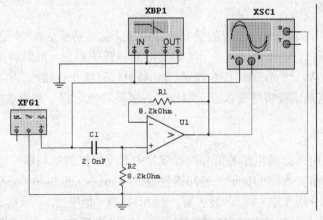

图 5.57　一阶 RC 滤波电路测试图

调整纵轴幅值测试范围的初值 I 和终值 F, 调整相频特性纵轴相位范围的初值 I 和终值 F, 如图 5.58 所示。

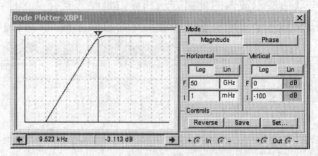

图 5.58　调整纵轴幅值测试范围

打开仿真开关, 单击幅频特性在波特图观察窗口可以看到幅频特性曲线; 单击相频特性可以在波特图观察窗口显示相频特性曲线, 如图 5.59 所示。

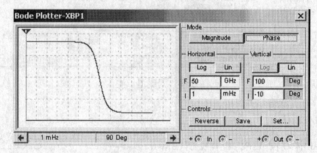

图 5.59　观测幅频特性曲线

7. 频率计

频率计主要用来测量信号的频率、周期、相位, 脉冲信号的上升沿和下降沿, 频率计的图标、面板以及使用如图 5.60 所示。使用过程中要注意根据输入信号的幅值调整频率计的 Sensitivity (灵敏度) 和 Trigger Level (触发电平)。

8. IV 分析仪

IV 分析仪专门用来分析晶体管的伏安特性曲线, 如二极管、NPN 管、PNP 管、NMOS 管、PMOS 管等器件。IV 分析仪相当于实验室的晶体管图示仪, 需要将晶体管与连接电路完全断开, 才能进行 IV 分析仪的连接和测试。IV 分析仪有 3 个连接点, 实现与晶体管的连接。IV 分析仪面板左侧是伏安特性曲线显示窗口, 右侧是功能选择, 如图 5.61 所示。

9. 失真度仪

失真度仪专门用来测量电路的信号失真度, 失真度仪提供的频率范围为 20Hz～100kHz。面板最上方给出测量失真度的提示信息和测量值。Fundamental Freq (分析频率) 处可以设置分析频率值; 选择分析 THD (总谐波失真) 或 SINAD (信噪比), 单击 Set 按钮, 打开设置窗口如图 5.62 所示, 由于 THD 的定义有所不同, 可以设置 THD 的分析选项。

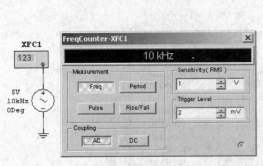

图 5.60　频率计面板

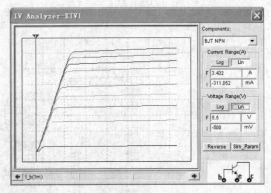

图 5.61　IV 分析仪面板图

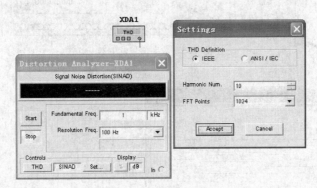

图 5.62　失真度仪面板图

5.4.2　数字逻辑测试类仪器

数字逻辑测试类仪器主要在数字域中对数字逻辑电路进行测试诊断的测量工具，具体包括数字信号发生器、逻辑分析仪和逻辑转换器。

1. 数字信号发生器

数字信号发生器是一个通用的数字激励源编辑器，可以多种方式产生 32 位的字符串，在数字电路的测试中应用非常灵活。左侧是控制面板，右侧是字信号发生器的字符窗口。控制面板分为 Controls（控制方式）、Display（显示方式）、Trigger（触发）、Frequency（频率）等几个部分，如图 5.63 所示。

2. 逻辑分析仪

面板分上下两个部分，上半部分是显示窗口，下半部分是逻辑分析仪的控制窗口，控制信号有 Stop（停止）、Reset（复位）、Reverse（反相显示）、Clock（时钟）设置和 Trigger（触发）设置。它提供了 16 路的逻辑分析仪，用来数字信号的高速采集和时序分析。逻辑分析仪的图标如图 5.64 所示。逻辑分析仪的连接端口有：16 路信号输入端、外接时钟端 C、时钟限制 Q 以及触发限制 T。

图 5.65 是时钟设置对话框，其中 Clock Source（时钟源）选择外触发或内触发、Clock Rate（时钟频率）是在 1Hz～100MHz 范围内选择、Sampling Setting 是取样点设置、Pre-trigger samples 是触发前取样点、Post-trigger samples 是触发后取样点、Threshold Voltage 是开启电压设置。

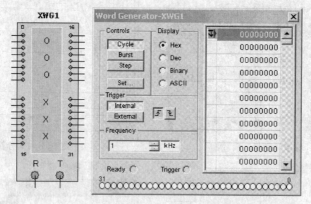

图 5.63　数字信号发生器

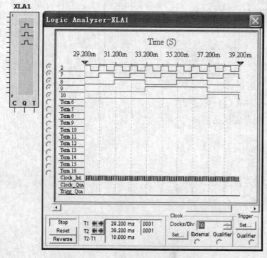

图 5.64　逻辑分析仪面板图

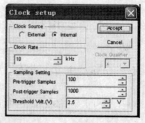

图 5.65　时钟设置对话框

单击 "Trigger" 下的 "Set" 设置按钮时，出现 Trigger Setting 触发设置对话框如图 5.66 所示。

Trigger Clock Edge（触发边沿）设置：有 Positive（上升沿）、Negative（下降沿）和 Both（双向触发）等 3 种触发方式的选择。

Trigger Patterns（触发模式）：由 A、B、C、D 定义触发模式，在 Trigger Combination（触发组合）下有 21 种触发组合可以选择。

3. 逻辑转换器

Multisim 9 提供了一种虚拟仪器：逻辑转换器，如图 5.67 所示。实际中没有这种仪器，逻辑转换器可以在逻辑电路、真值表和逻辑表达式之间进行转换。有 8 路信号输入端，1 路信号输出端。

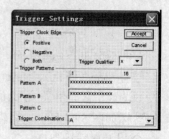

图 5.66　触发设置对话框

6 种转换功能依次是：逻辑电路转换为真值表、真值表转换为逻辑表达式、真值表转换为最简逻辑表达式、逻辑表达式转换为真值表、逻辑表达式转换为逻辑电路、逻辑表达式转换为与非门电路。

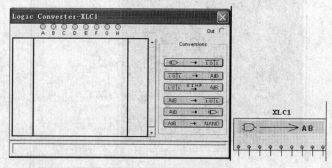

图 5.67 逻辑转换器

5.4.3 射频测量类仪器

射频测量类仪器主要是对电路的射频域和电路的网络特性进行测试的测量工具，主要包括频谱分析仪和网络分析仪。

1. 频谱分析仪

它用来分析信号的频域特性，其频域分析范围的上限为 4GHz。其面板如图 5.68 所示，Span Control 用来控制频率范围，选择 Set Span 的频率范围由 Frequency 区域决定；选择 Zero Span 的频率范围由 Frequency 区域设定的中心频率决定；选择 Full Span 的频率范围为 1kHz～4GHz。Frequency 用来设定频率：Span 设定频率范围、Start 设定起始频率、Center 设定中心频率、End 设定终止频率。Amplitude 用来设定幅值单位，有 3 种选择：dB、dBm、Lin。dB=10log10V；dBm=20log10（V/0.775）；Lin 为线性表示。Resolution Freq 用来设定频率分辨的最小谱线间隔，简称频率分辨率。

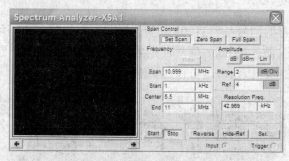

图 5.68 频谱分析仪

2. 网络分析仪

网络分析仪主要用来测量双端口网络的特性，如衰减器、放大器、混频器、功率分配器等。Multisim 9 提供的网络分析仪可以测量电路的 S 参数、并计算出 H、Y、Z 参数。其

123

面板如图 5.69 所示。

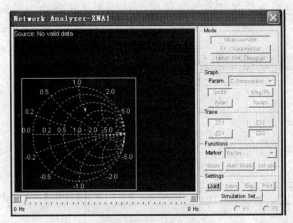

图 5.69 网络分析仪

Mode 提供分析模式：Measurement 测量模式；RF Characterizer 射频特性分析；Match Net Designer 电路设计模式。Graph 用来选择要分析的参数及模式，可选择的参数有 S 参数、H 参数、Y 参数、Z 参数等。模式选择有 Smith（史密斯模式）、Mag/Ph（增益/相位频率响应，波特图）、Polar（极化图）、Re/Im（实部/虚部）。Trace 用来选择需要显示的参数。

Marker 用来提供数据显示窗口的 3 种显示模式：Re/Im 为直角坐标模式；Mag/Ph（Degs）为极坐标模式；dB Mag/Ph（Deg）为分贝极坐标模式。Settings 用来提供数据管理，Load 读取专用格式数据文件；Save 存储专用格式数据文件；Exp 输出数据至文本文件；Print 打印数据。Simulation Set 按钮用来设置不同分析模式下的参数。

5.4.4 仿真 Agilent 仪器

仿真 Agilent 仪器有 3 种：Agilent 信号发生器、Agilent 万用表、Agilent 示波器。这 3 种仪器与真实仪器的面板，按钮、旋钮操作方式完全相同，使用起来更加真实。

1．Agilent 信号发生器

Agilent 信号发生器的型号是 33120A，其图标和面板如图 5.70 所示，这是一个高性能15MHz 的综合信号发生器。Agilent 信号发生器有两个连接端，上方是信号输出端，下方是接地端。单击最左侧的电源按钮，即可按照要求输出信号。

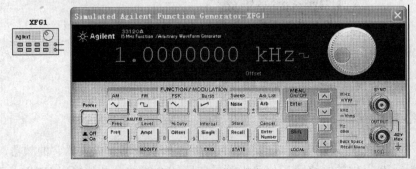

图 5.70 Agilent 信号发生器

2. Agilent 万用表

Agilent 万用表的型号是 34401A，其图标和面板如图 5.71 所示，这是一个高性能 6 位半的数字万用表。Agilent 万用表有 5 个连接端，应注意面板的提示信息连接。单击最左侧的电源按钮，即可使用万用表，实现对各种电类参数的测量。

图 5.71　Agilent 万用表

3. Agilent 示波器

Agilent 示波器的型号是 54622D，图标和面板如图 5.72 所示，这是一个 2 模拟通道、16 个逻辑通道、100MHz 的宽带示波器。Agilent 示波器下方的 18 个连接端是信号输入端，右侧是外接触发信号端、接地端。单击电源按钮，即可使用示波器，实现各种波形的测量。

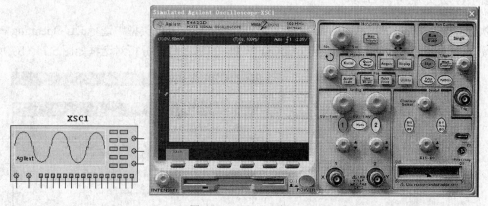

图 5.72　Agilent 示波器

5.5　Multisim 9 的基本分析方法

5.5.1　直流工作点分析

直流工作点分析也称静态工作点分析，电路的直流分析是在电路中电容开路、电感短路时，计算电路的直流工作点，即在恒定激励条件下求电路的稳态值。

在电路工作时，无论是大信号还是小信号，都必须给半导体器件以正确的偏置，以便使其工

125

作在所需的区域，这就是直流分析要解决的问题。了解电路的直流工作点，才能进一步分析电路在交流信号作用下电路能否正常工作。求解电路的直流工作点在电路分析过程中是至关重要的。

1. 构造电路

为了分析电路的交流信号是否能正常放大，必须了解电路的直流工作点设置得是否合理，所以首先应对电路得直流工作点进行分析。在 Multisim 9 工作区构造一个单管放大电路，电路中电源电压、各电阻和电容取值如图 5.73 所示。

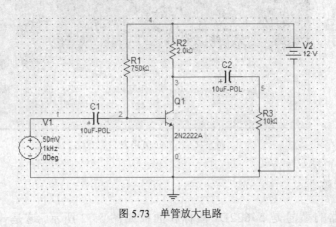

图 5.73　单管放大电路

注意：图中的 1，2，3，4，5 等编号可以从 Options→sheet properties→circuit→show all 调试出来。

2. 启动交流分析工具

执行菜单命令"Simulate"→"Analyses"，在列出的可操作分析类型中选择 DC Operating Point，则出现直流工作点分析对话框，如图 5.74 （a）所示。直流工作点分析对话框如图 5.74 （b）所示。

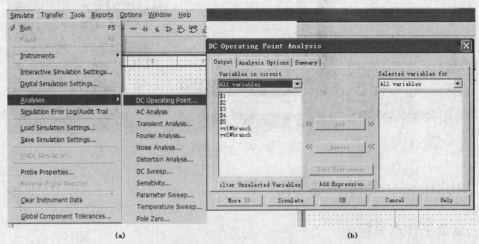

图 5.74　直流工作点分析方法

（1）Output 选项。Output 用于选定需要分析的节点。

左边 "Variables in circuit" 栏内列出电路中各节点电压变量和流过电源的电流变量。右

边 "Selected variables for" 栏用于存放需要分析的节点。

具体做法是先在左边 "Variables in circuit" 栏内中选中需要分析的变量（可以通过鼠标拖拉进行全选），再单击 "Add" 按钮，相应变量则会出现在 "Selected variables for" 栏中。如果 "Selected variables for" 栏中的某个变量不需要分析，则先选中它，然后单击 "Remove" 按钮，该变量将会回到左边 "Variables in circuit" 栏中。

（2）Analysis Options 和 Summary 选项表示：分析的参数设置和 Summary 页中排列了该分析所设置的所有参数和选项。用户通过检查可以确认这些参数的设置。

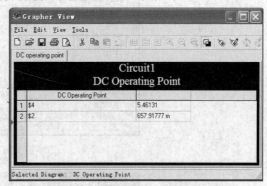

图 5.75 测试结果

3. 检查测试结果

单击图 5.74（b）下部 "Simulate" 按钮，测试结果如图 5.75 所示。测试结果给出电路各个节点的电压值。根据这些电压的大小，可以确定该电路的静态工作点是否合理。如果不合理，可以改变电路中的某个参数，利用这种方法，可以观察电路中某个元件参数的改变对电路直流工作点的影响。

5.5.2 交流分析

交流分析是在正弦小信号工作条件下的一种频域分析。它计算电路的幅频特性和相频特性，是一种线性分析方法。Multisim 9 在进行交流频率分析时，首先分析电路的直流工作点，并在直流工作点处对各个非线性元件做线性化处理，得到线性化的交流小信号等效电路，并用交流小信号等效电路计算电路输出交流信号的变化。在进行交流分析时，电路工作区中自行设置的输入信号将被忽略。也就是说，无论给电路的信号源设置的是三角波还是矩形波，进行交流分析时，都将自动设置为正弦波信号，分析电路随正弦信号频率变化的频率响应曲线。

1. 构造电路

这里仍采用单管放大电路作为实验电路，电路如图 5.73 所示。这时，该电路直流工作点分析的结果如下：三极管的基极电压约为 0.653V，集电极电压约为 5.46V，发射极电压为 0V。

2. 启动交流分析工具

执行菜单命令 "Simulate" → "Analyses"，在列出的可操作分析类型中选择 "AC Analysis"，则出现交流分析对话框，如图 5.76 所示。

3. 检查测试结果

电路的交流分析测试曲线如图 5.77 所示，测试结果给出电路的幅频特性曲线和相频特性曲线，幅频特性曲线显示了 3 号节点（电路输出端）的电压随频率变化的曲线；相频特性曲线显示了 3 号节点的相位随频率变化的曲线。由交流频率分析曲线可知，该电路大约在 7Hz～24MHz 范围内放大信号，放大倍数基本稳定，且相位基本稳定。超出此范围，输出电压将会衰减，相位会改变。

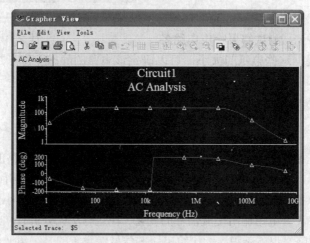

图 5.76　交流分析

图 5.77　交流分析测试曲线

5.5.3　瞬态分析

瞬态分析是一种非线性时域分析方法，是在给定输入激励信号时，分析电路输出端的瞬态响应。Multisim 9 在进行瞬态分析时，首先计算电路的初始状态，然后从初始时刻起，到某个给定的时间范围内，选择合理的时间步长，计算输出端在每个时间点的输出电压，输出电压由一个完整周期中的各个时间点的电压来决定。启动瞬态分析时，只要定义起始时间和终止时间，Multisim 9 可以自动调节合理的时间步进值，以兼顾分析精度和计算时需要的时间，也可以自行定义时间步长，以满足一些特殊要求。

1．构造电路

构造一个单管放大电路，电路中电源电压、各电阻和电容取值如图 5.78 所示。

2．启动瞬态分析工具

执行菜单命令"Simulate"→"Analyses"，在列出的可操作分析类型中选择 Transient Analysis，出现瞬态分析对话框，如图 5.79 所示。

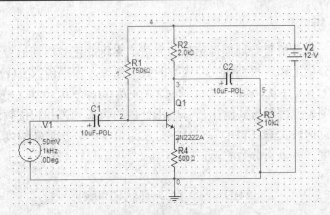

图 5.78　单管放大电路

图 5.79　瞬态分析

3.　检查分析结果

　　放大电路的瞬态分析曲线如图所示。分析曲线给出输入节点 2 和输出节点 5 的电压随时间变化的波形，纵轴坐标是电压，横轴是时间轴。从图 5.80 中可以看出输出波形和输入波形的幅值相差不太大，这主要是因为该放大电路晶体管发射极接有反馈电阻，从而影响了电路的放大倍数。

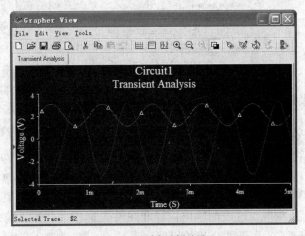

图 5.80　瞬态分析结果

5.5.4　傅立叶分析

傅立叶分析是一种分析复杂周期性信号的方法。它将非正弦周期信号分解为一系列正弦波、余弦波和直流分量之和。根据傅立叶级数的数学原理，周期函数 $f(t)$ 可以写为

$$f(t) = A_0 + A_1 \cos \omega t + A_2 \cos 2\omega t + \cdots + B_1 \sin \omega t + B_2 \sin 2\omega t + \cdots$$

傅立叶分析以图表或图形方式给出信号电压分量的幅值频谱和相位频谱。傅立叶分析同时也计算了信号的总谐波失真（THD），THD 定义为信号的各次谐波幅度平方和的平方根再除以信号的基波幅度，并以百分数表示：

$$\text{THD} = \left[\left\{ \sum_{i=2} U_i^2 \right\}^{\frac{1}{2}} / U_1 \right] \times 100\%$$

1.　构造电路

构造一个单管放大电路，电路中电源电压、各电阻和电容取值如图 5.73 所示。该放大电路输入信号源电压幅值达到 50mV 时，输出端电压信号已出现较严重的非线性失真，这也就意味着在输出信号中出现了输入信号中未有的谐波分量。

2.　启动交流分析工具

执行菜单命令"Simulate"→"Analyses"，在列出的可操作分析类型中选择"Fourier Analysis"，则出现傅立叶分析对话框，如图 5.81 所示。

傅立叶分析对话框中"Analysis Parameters"页的设置项目及默认值等内容见表所示。

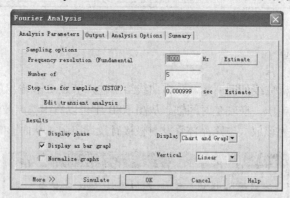

图 5.81　傅立叶分析

3.　检查分析结果

傅立叶分析结果如图 5.82 所示。如果放大电路输出信号没有失真，在理想情况下，信号的直流分量应该为零，各次谐波分量幅值也应该为零，总谐波失真也应该为零。

从图中可以看出，输出信号直流分量幅值约为 1.15V，基波分量幅值约为 4.36V，2 次谐波分量幅值约为 1.58V，从图表中还可以查出 3 次、4 次及 5 次谐波幅值。同时可以看到总谐波失真（THD）约为 35.96%，这表明输出信号非线性失真相当严重。线条图形方式给出的信号幅频图谱直观地显示了各次谐波分量的幅值。

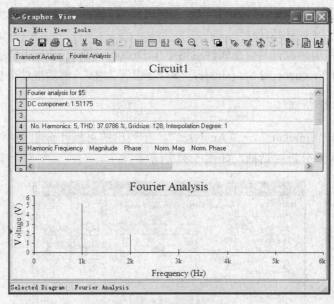

图 5.82　傅立叶分析结果

5.5.5　失真分析

　　放大电路输出信号的失真通常是由电路增益的非线性与相位不一致造成的。增益的非线性将会产生谐波失真，相位的不一致将产生互调失真。Multisim 失真分析通常用于分析那些采用瞬态分析不易察觉的微小失真。如果电路有一个交流信号，Multisim 的失真分析将计算每点的二次和三次谐波的复变值；如果电路有两个交流信号，则分析 3 个特定频率的复变值，这 3 个频率分别是：(f_1+f_2)，(f_1-f_2)，$(2f_1-f_2)$。

1．构造电路

　　设计一个单管放大电路，电路参数及电路结构如图 5.83 所示。对该电路进行直流工作点

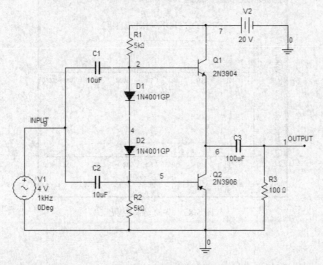

图 5.83　单管放大电路

分析后，表明该电路直流工作点设计合理。在电路的输入端加入一个交流电压源作为输入信号，其幅度为 4V，频率为 1kHz。

注意：双击信号电压源符号，在属性对话框中 Distortion Frequency 1 Magnitude：项目下设置为 4V。Distortion Frequency 2 Magnitude：项目下设置为 4V。然后继续分析该放大电路。

2. 启动失真分析工具

执行菜单命令"Simulate"→"Analyses"，在列出的可操作分析类型中选择 Distortion Analysis，则出现瞬态分析对话框，如图 5.84 所示。

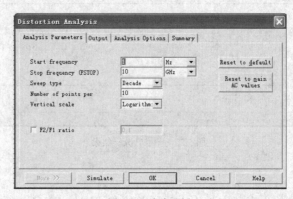

图 5.84　失真分析

3. 检查分析结果

电路的失真分析结果如图 5.85 所示。由于该电路只有一个输入信号，因此，失真分析结果给出的是谐波失真幅频特性和相频特性图。

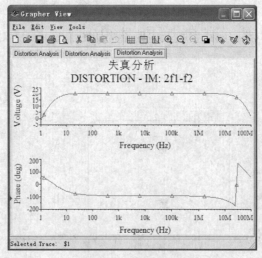

图 5.85　失真分析结果

5.5.6　噪声分析

电路中的电阻和半导体器件在工作时都会产生噪声，噪声分析就是定量分析电路中噪声的大小。Multisim 提供了热噪声、散弹噪声和闪烁噪声等 3 种不同的噪声模型。噪声分析利用交流小信号等效电路，计算由电阻和半导体器件所产生的噪声总和。假设噪声源互不相关，而且这些噪声值都独立计算，总噪声等于各个噪声源对于特定输出节点的噪声均方根之和。

1. 构造电路

构造单管放大电路，如图 5.73 所示。双击信号电压源符号，在属性对话框中 Distortion Frequency 1 Magnitude：项目下设置为 1V，然后继续分析该单管放大电路。

2. 启动噪声分析工具

执行菜单命令"Simulate"→"Analyses"，在列出的可操作分析类型中选择"Noise Analysis"，则出现噪声分析对话框，如图 5.86 所示。

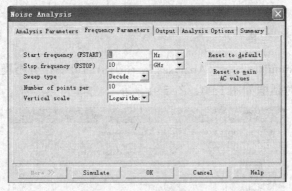

图 5.86　噪声分析

噪声分析对话框中"Frequency Parameters"选项卡页如图 5.87 所示。

图 5.87　噪声分析对话框

3. 检查分析结果

噪声分析曲线如图 5.88 所示。其中上面一条曲线是总的输出噪声电压随频率变化曲线，下面一条曲线是等效的输入噪声电压随频率变化曲线。

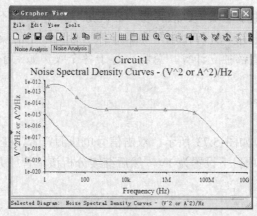

图 5.88　噪声分析曲线

5.5.7　直流扫描分析

直流扫描分析是根据电路直流电源数值的变化，计算电路相应的直流工作点。在分析前可以选择直流电源的变化范围和增量。在进行直流扫描分析时，电路中的所有电容视为开路，所有电感视为短路。

在分析前，需要确定扫描的电源是一个还是两个，并确定分析的节点。如果只扫描一个电源，得到的是输出节点值与电源值的关系曲线。如果扫描两个电源，则输出曲线的数目等于第二个电源被扫描的点数。第二个电源的每一个扫描值，都对应一条输出节点值与第一个电源值的关系曲线。

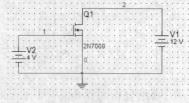

图 5.89　MOS 管测试电路

1.　构造电路

构造图 5.89 所示的电路，MOS 管型号为 2N7000，属于 N 沟道增强型 MOS 管。现在要利用直流扫描来测绘 MOS 管的输出特性曲线。

2.　启动噪声分析工具

执行菜单命令"Simulate"→"Analyses"，在列出的可操作分析类型中选择 DC Sweep，则出现直流扫描分析对话框如图 5.90、图 5.91 所示。

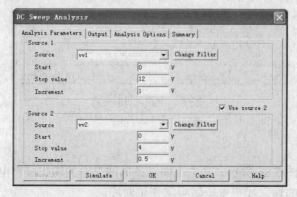

图 5.90　Analysis Parameters 对话框

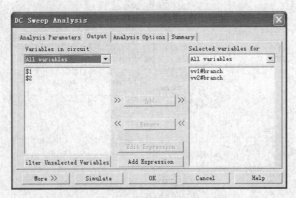

图 5.91　Output 对话框

3．检查分析结果

直流扫描分析曲线即 MOS 管的输出特性曲线，如图 5.92 所示。

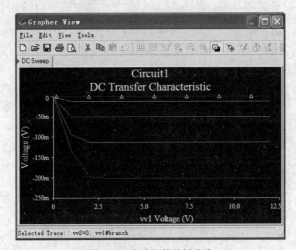

图 5.92　直流扫描分析曲线

横坐标为 MOS 管的漏极电压，纵坐标是 MOS 管的漏极电流（尽管图上标的是 Voltage）。每一条曲线都是 MOS 管漏极电压与漏极电流的关系曲线且对应一个固定的栅极电压。

5.5.8　参数扫描分析（Parameter Sweep Analysis）

参数扫描分析是在用户指定每个参数变化值的情况下，对电路的特性进行分析。在参数扫描分析中，变化的参数可以从温度参数扩展为独立电压源、独立电流源、温度、模型参数和全局参数等多种参数。显然，温度扫描分析也可以通过参数扫描分析来完成。

1．构造电路

2．启动参数扫描分析工具

执行"Simulate"→"Analysis"→"Parameter Sweep"命令。

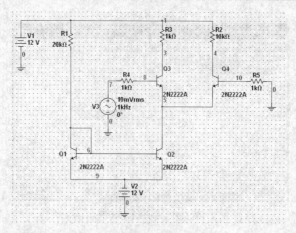

图 5.93 测试电路

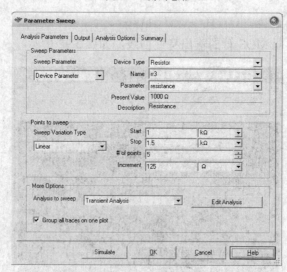

图 5.94 参数扫描对话框

3. 查看分析结果

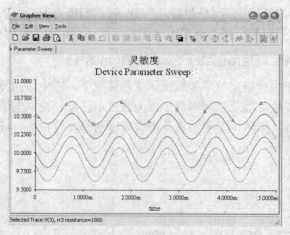

图 5.95 测试分析结果

5.6 Multisim 9 典型案例

5.6.1 交通信号灯控制系统的仿真分析

1. 电路设计要求

假设十字路口的两条道路，4 个路口均有红黄绿三色交通灯，并且有数字显示还剩余多少时间将改变信号灯。要求：两条干道交替通行，初始时间由预置数电路设置；绿灯跳变成红灯时，黄灯亮几秒钟，用以缓冲滞留车辆。当计数器跳变到零时，要能立即进行信号灯的转换（时间可在 0～99s 内任意控制）。

2. 电路工作流程图

设主干道绿灯时间为 T11，黄灯时间 T12，红灯时间为 T13；支干道绿灯时间为 T21，黄灯时间均为 T22，红灯时间为 T23，那 T11+T12=T23，T13=T21+T22，T12=T22，一般 3 灯显示时间中，设置为 T11>T21>T12。流程图如图 5.96 所示。

3. 系统硬件结构框图

根据系统工作流程要求，设计硬件结构框图，如图 5.97 所示。

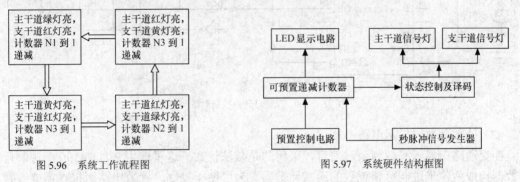

图 5.96　系统工作流程图　　　　　　　图 5.97　系统硬件结构框图

4. 系统单元电路设计

（1）状态控制及译码部分

根据系统的要求可以列出真值表如表 5.1 所示。根据真值表，就可以得出简化的逻辑函数，进一步得出电路图。我们用上述的 R（红色）来进行说明：先打开 Multisim 9 的逻辑转换仪（Logic Converter），在其面板上按真值表输入数据，如图 5.98 所示。

表 5.1　　　　　　　　　　　　　　　　真值表

四种控制状态		主　干　道			支　干　道		
Q1	Q0	R	Y	G	R	Y	G
0	0	0	0	1	1	0	0
0	1	0	1	0	1	0	0
1	0	1	0	0	0	0	1
1	1	1	0	0	0	1	0

再单击面板上的 ，就可以自动转换成图 5.99 所示的与非门线路图。依此方法，可得到状态译码电路如图 5.100 所示。

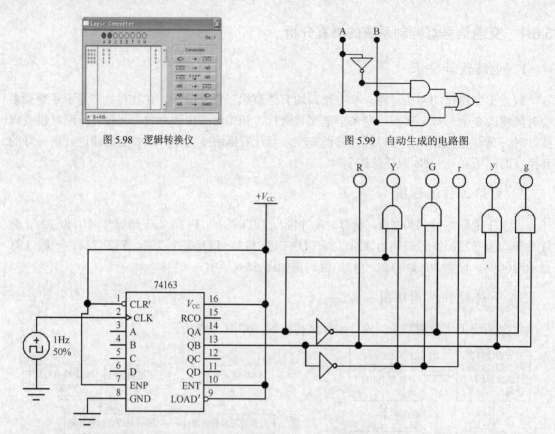

图 5.98　逻辑转换仪　　　　　　　　　　图 5.99　自动生成的电路图

图 5.100　交通灯转换控制电路

（2）计数及数码显示电路

在交通路口显示等待剩余时间时，采用的是减法计数。这里选用 2 片 74190 十进制可逆计数器构成两位十进制可预置数的递减计数器。为了便于控制，置数电路可根据需要改换。计数器及数码显示电路如图 5.101 所示。

（3）分时置数控制电路

这部分电路的作用是协调 LED 显示和交通信号灯协调工作，为此，必须解决好分时置数的问题。这里选用 74465（八路单向三态传输门）以实现分时置数及控制输出功能。选用 3 片 74465 作为预置数的存储单元来实现计数器分时置数控制电路如图 5.102 所示。G7~G0 为主干道绿灯置数端，G7~G0 为支干道绿灯置数端，Y7~Y0 为主支干道黄灯置数端；AG、Ag 和 AY 为 3 片 74465 选通端，由主干道绿灯、支干道绿灯和黄灯选通；D7~D0 为按由高到低排列后的输出端，要接到计数器的置数输入端。工作时，3 片 74465 只能有 1 片选通，其他两片输出均处于高阻态。

（4）秒信号发生器

秒信号发生器可由石英晶体多谐振荡器构成，为简化电路，直接选用 1Hz 的脉冲信号源代替秒信号发生器。

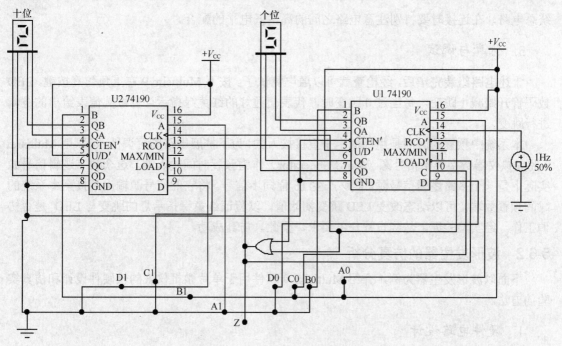

图 5.101 递减计数及 LED 显示电路

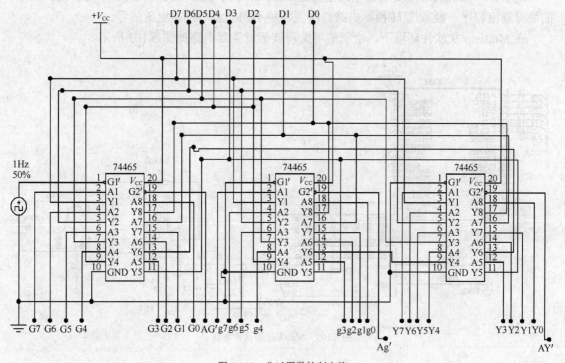

图 5.102 分时置数控制电路

（5）整机组装

在系统安装调试中，首先将各单元电路调试正常，然后再将各单元电路用粘贴的方法置于同一 Multisim 9 工作界面内，再按照各自对应关系相互连接构成的交通信号灯控制器的系统总电路，在连接时要特别注意电路之间的高、低电平的配合。

5. 仿真与调试

上述电路组装完毕后，经检查就可以通电测试了。按下 Multisim 9 右上角仿真按键，LED 数码管开始减 1 跳变，每当过 0 跳变时，代表交通灯的红黄绿指示灯也按真值表给出的逻辑进行跳变。

本系统中预置的时间是用高低电平直接接入的，为了扩展电路的可调性，可以用 Multisim 9 的虚拟仪器数字逻辑信号源（Word Generator）作为预置时间输入端。这个数字逻辑信号源实际上是一个多路逻辑信号源，能够产生 16 位同步信号。将它的信号源输出端接至本系统的时间预置数端，可以动态改变 LED 跳变初始值，以验证红黄绿指示灯的跳变与 LED 是否协调工作。经实验验证，达到设计任务要求，至此，仿真成功。

5.6.2 波形发生器的仿真分析

下面以波形发生器为例，介绍 Multisim 9 软件用于单片微机仪表的软硬件设计和仿真实验的方法。

1. 硬件电路设计

基于单片微机的波形发生器电路主体是 8051 单片机与数/模转换器接口电路，编写不同的信号输出程序，经数/模转换器电路，产生各种不同的波形模拟电压信号。

在 Multisim 9 软件环境下，绘制的可编程波形发生器电路如图 5.103 所示。

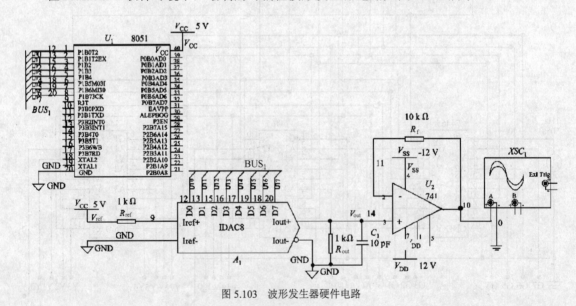

图 5.103 波形发生器硬件电路

图 5.103 中元器件 IDAC8 是 8 位的电流型数模转换器，它的调用过程是：在元件工具栏中单击模数混合元件库（Mixed）按钮，弹出选择元件对话框，在对话框中选择 ADC/DAC 元件库从中找到 IDAC8。

通过总线 BUS1，单片机芯片 8051 的 P1 口提供 IDAC8 芯片的 8 位数字量 D7～D0，根

据电流型数模转换器的工作原理，其输出电流 I_{out} 与正参考输入电流 I_{ref+} 的关系是

$$I_{out} = \frac{2^7 \cdot D_7 + 2^6 \cdot D_6 + \cdots + 2^0 \cdot D_0}{256} \times I_{ref+}$$

由于，$I_{ref+} = \dfrac{V_{ref}}{R_{ref}}$ 并且 V_{ref} 连接+5V，R_{ref} 和 R_{out} 均采用 1kΩ，于是有

$$V_{out} = I_{out} \times R_{out}$$
$$= \frac{2^7 \cdot D_7 + 2^6 \cdot D_6 + \cdots + 2^0 \cdot D_0}{256} \times \frac{V_{ref}}{R_{ref}} \times R_{out}$$
$$= \frac{2^7 \cdot D_7 + 2^6 \cdot D_6 + \cdots + 2^0 \cdot D_0}{256} \times 5$$

若单片机输出的数字量为 11111111B，则代入上式得出的模拟电压为 4.98V，同理若数字量为 00000001B，则模拟电压为 0.02V。由此可知，该电路的电压转换范围为 0～4.98V，电压转换精度为 0.02V。

由于数\模转换器输出的模拟电压并不连续，故为了使输出的波形平滑，于是在数模转换器的输出端加一个 10pF 的滤波电容，以消除数模转换过程中产生的高频谐波。另外，若数模转换器 IDAC8 直接输出，由于其输出阻抗较高，容易造成负载效应，所以在其输出端加一个电压跟随器，可得到较好的输出结果。电压跟随器的核心元件运放 741 是从模拟元件库 Analog 的运放族 OPAMP 中调出的，图 5.103 中出现的电阻和电容元件是从基本元件库 Basic 的电阻族 RESISTOR 和电容族 CAPACITOR 中分别找到，并放置在原理图中。从仪表工具栏中选出双通道示波器连接到波形发生器电路的输出端，用来观察仿真结果。

2. 软件设计和仿真结果

在 Multisim 9 软件中，进入源程序界面的过程如下：从 MCU 器件库的 805x 族中选出 8051 单片机芯片，会立即弹出 MCU 器件创建向导窗口，按向导窗口的提示先输入 MCU 工作页名称，接着输入项目名称，选择编程语言，本文选用汇编语言编程，最后输入源程序名称，完成后在原理图选项旁出现源程序选项，单击源程序选项可以从原理图窗口切换到汇编窗口，源程序就在汇编窗口编写，该窗口的下方是编译信息栏，显示源程序的编译结果信息。

（1）三角波电压输出程序。

编程思路：通过单片机 8051 的累加器 A 的值由零不断地增大，同时赋给其 P1 口来实现三角波的前半周期；当累加器 A 达到最大值 FFH 时，再以同速度不断减小至 00H，并赋给 P1 口来实现三角波的后半周期。对上述过程利用循环结构重复执行，就可产生连续的三角波。源程序
如下：

```
ORG 0000H
LJMP MAIN1
ORG 1000H
MAIN1 :  MOV A , # 00H       ;初始化累加器 A
LOOP : MOV P1 , A            ;向 P1 口输出 A 值
NOP                          ;延时
```

```
INC  A                          ; A 值加 1 递增
CJNE A , # 0FFH , LOOP          ; 检查 A 是否到最大值
LOOP1 : MOV P1 , A              ; 向 P1 口输出 A 值
NOP                             ; 延时，改变三角波的周期
DEC A                           ; A 值减 1 递减
CJNE A , # 00H , LOOP1          ; 检查 A 是否到最　小值
LJMP LOOP                       ; 重复执行
END
```

单击菜单栏中的 simulate 选项，选择 Run，源程序编译成机器码，若编译通过就能加载到单片微机硬件电路中进行仿真，双击电气原理图上的双通道示波器可得到仿真结果，如图 5.104 所示。

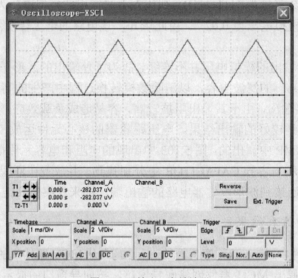

图 5.104　输出三角波波形

（2）正弦波电压输出程序。

编程思路：建立一个周期正弦波 180 个电压点数据表格，每个点相位相差 2°，把这 180 个电压点，逐个赋给单片机芯片 P1 口，就可产生一个周期的正弦波。重复循环输出表格中的数据，就可产生连续的正弦波。以下程序产生的正弦波的直流偏置和最大幅值都是 IDAC 数模转换器芯片满量程电压的一半。

```
ORG 0000H
LJMP MAIN2
ORG 2000H
MAIN2 : MOV DPTR , #Table       ; 把正弦波数据表格的首地址赋给 DPTR
LOOP : CLR A                    ; 初始化累加器 A
MOVC A, @A + DPTR              ; 把表格的正弦数据通过累加器 A 逐个送到 P1 口
CJNE A , #130, LOOP1           ; 是否与表格最后一个数据相同？
AJMP MAIN                      ; 当完成表格数据输出，则重复执行
LOOP1 : MOV P1 , A
INC DPTR
```

```
DELA Y: MOV R6 , # 3                    ; 延时，改变正弦波的周期
DJNZ R6 , AJMP LOOP
Table : DB      128, 132, 137, 141, 146, 150, 154, 159, 163, 167; 正弦波数据表格
DB      171, 176, 50, 47, 43, 40, 37, 34, 31, 28, 25
DB      88, 93, 97, 101, 106, 110, 114, 119, 123, 128, 130
```

运行上述程序，仿真结果如图 5.105 所示。

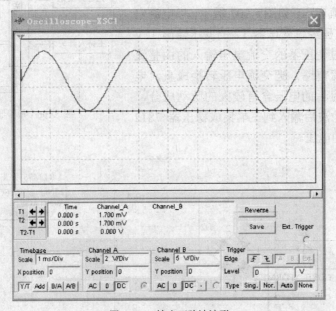

图 5.105　输出正弦波波形

图 5.104 和图 5.105 中示波器的显示模式是 Y/T 模式，即横坐标为时间，纵坐标为幅值，横坐标每格为 1ms，纵坐标每格为 2V，观测仿真结果与设计要求相同。对于同一硬件电路，通过该软件的编程窗口，修改程序内容，信号发生器可以产生所需的其他波形，如方波、锯齿波和梯形波，修改程序参数，还可以改变信号的幅值和频率。

5.6.3　四路抢答器电路的仿真分析

1. 设计要求

每组设置一个抢答器按钮，供抢答者使用。电路具有第一抢答信号鉴别和锁存功能。在主持人将系统复位并发出抢答指令后，若抢答者按动抢答开关，则该组指示灯亮并组别鉴别显示电路显示抢答者的组别，同时扬声器发出"嘀-嘟"的双响，音响持续 2～3s。电路具备自锁功能，使别组的抢答器开关不起作用。

2. 单元电路的设计

电路需要准确判别第一抢答者的信号并将其锁存。实现这功能可用触发器或锁存器等。在得到第一信号后应该将其电路的输出封锁，使其他组的抢答信号无效。同时还必须注意，第一抢答信号必须在主持人发出抢答命令后才有效，否则应视为提前抢答而犯规。当电路

形成第一抢答信号之后，LED 显示组电路显示其组别。还可鉴别出的第一抢答信号控制一个具有两种工作频率交换变化的音频振荡器工作，使其推动扬声器发出响音，表示该题抢答有效。

（1）电源电路的设计。电源电路一般采用可调或者固定电压为电路提供工作电压。为求简单实用，本电源电路采用固定三端集成稳压器 7812 为电路提供所需的 12V 直流电压，如图 5.107 所示。当电源电压 220V 的交流电压经过变压器 T2 的变压输出 15V 的交流电压，经过变压器的交流电压输入的由整流二极管组成的整流电路。把交流电压转换成直流电压输出。由于整流后的电压含有较大的脉动成分，必须经过 C4 的滤波后输入到三端集成稳压器 7812 后输出电路所需的电压。

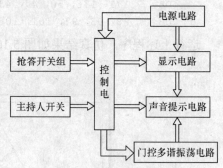

图 5.106　抢答器电路原理图

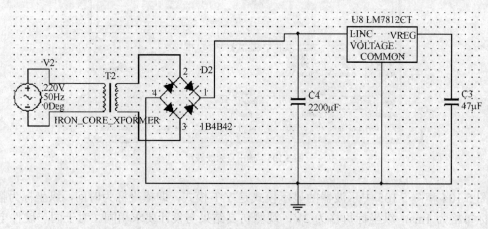

图 5.107　直流稳压电源电路

（2）控制电路的设计。芯片中含有 4 个 D 锁存器单元，共用一个时钟脉冲，CP 为时钟端，POL 为极性控制信号。CD4042 功能为：当极性控制信号 POL=0 时，若 CP=0 触发器接收 D 信号，并在 CP 上升沿到来时，锁存 D 信号，CP=1 期间自锁 D 信号；当 POL=1 时，则 CP=1 时，触发接收 D 信号，CP 下降沿到来时锁存 D 信号，CP=0 期间自锁。控制电路如图 5.108 所示。

（3）声响电路的设计。声响电路用一个音频振荡器去推动一个扬声器（蜂鸣器）工作即可。为求电路简单，声响电路所示一般声响电路都由集成音乐芯片或简单的分立元件构成。而采用集成音乐芯片构成的电路结构简单，但一般的的成本比较高，电路性能较差。而用简单的分立元件使得电路的设计成本大大降低，性能也可以达到设计的要求。

本声响电路的设计主要采用多谐振荡器和 Q1 等元件组成，当 CD4012 在输出低电平时多谐振荡电路不工作；声响提示电路处于稳定状态（不工作）。当 CD4012 在输出高电平时多谐振荡电路起振；驱动三极管工作从而带动扬声器发出声音。声响提示电路处于工作状态。当有信号从振荡电路输出时，电流经 R15 形成一电压压降在 Q1 的基极，此时 Q1 导通，电

流从 V_{CC} 经蜂鸣器到地，从而蜂鸣器发声。该装置中，直流电源提供 12V 电压，足够驱动蜂鸣器发声，所以不需要接入 74LS244 驱动。

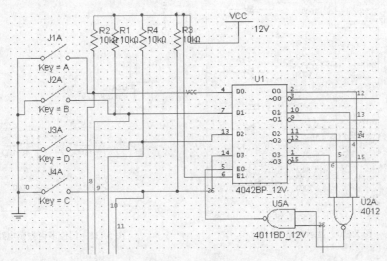

图 5.108　控制电路

（4）显示电路的设计。显示电路一般由 LED 为发光二极管或数码显示器来实现，由于数码显示电路一般都需要显示驱动电路来实现比较复杂。而 LED 为发光二极管主要加上适当的正向电压，该管即可发光，LED 内接法有两种：即共阳极和共阴极接法，要使其对方的发光二极管发光，前种接法使其相应的极为低电平，后种接法使其相应极为高电平。半导体二极管的优点是体积小、工作可靠、寿命长、响应速度快、颜色丰富、缺点是功耗较大。

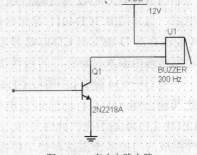

图 5.109　声响电路电路

在本电路的设计中主要采用 Q1～Q4 和 LED1～LED5 等元器件组成显示电路，用来显示抢答者的组别。CD4042 的 $\overline{Q}$ 端输出低电平时 LED 不发光。CD4042 的 $\overline{Q}$ 输出高电平时 LED 发光，显示抢答者的组别。

（5）门控多谐振荡电路的设计。多谐振荡器是一种无稳态电路，它在接通电源后不需要外加触发信号，电路状态能够自动地不断变换，产生矩形波的输出。由于矩形波中的谐波分量很多，因此这种振荡器冠以"多谐"二字。在数字电路设计中常常使用 555 多谐振荡电路、施密特振荡电路或者由简单的门电路来实现，由于 555 多谐振荡电路、施密特振荡电路应用于对于电路精度要比较高的电路设计中。与普通的门电路相比门电路具有电路结构简单、成本低、实现容易的特点。而在本电路的设计中门控多谐振荡电路由 CD4011 门电路和 R14、C1 等组成。它主要用来驱动 Q5 使扬声器发出声音。开关按下与非门输出高电平，门控多谐振荡器起振。扬声器发声。门控多谐振荡器频率由 R14、C1 来决定，振荡器频率约为 800Hz。

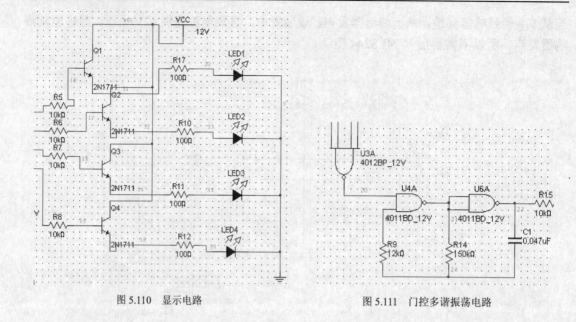

图 5.110　显示电路　　　　　　　　　　　图 5.111　门控多谐振荡电路

3.　系统电路工作过程

抢答器由控制电路、显示电路和声音提示电路 3 部分组成。锁存型 D 触发器 CD4042、与非门 IC2-1CD4042 等元器件组成抢答控制电路；Q1~Q4、LED1~LED4 等元器件组成显示电路；与非门 IC3CD4011 等元器件组成声音提示电路。J1A~J4A 是抢答按钮，J5A 位按钮。4 位锁存器 D 触发器 CD4042 是整个电路的核心器件，当 POL6 脚接高电平时，D 触发器的输出状态由输入时钟脉冲的极性决定，即 CP=1 时，传输数据，CP=0 时锁存数据。

当 Q1~Q4 没有按下时，CD4042 的个输入端 D1~D4 经过电阻 R1~R4 上拉为高电平，因此其输出端 Q1~Q4 均输出高电平，Q1~Q4 输出为低电平，Q1~Q4 均截止，发光二极管 LED1~LED4 均不亮。此时与非门 IC2-1CD4012 输出低电平，由 U4A、U6A CD4011 等元器件组成的门控多谐振荡器处于停振状态，提示音电路不工作。同时与非门 U3ACD4042 输出低电平，使得 U5A CD4011 输出高电平，即 CP=1，D 触发器处于数据传输状态。假如 SA1 被按下，此时 D1=0，Q1=0，使得 U2A4042 输出为高电平，U5A CD4011 为低电平，即 CP=0，D 触发器转入锁存状态，再按下其他按钮，电路不再响应。同时 CD4042 的 $\overline{Q}1$=1，VY1 接通，LED1 点亮，显示第一路抢答。

在按下 S1A 的同时，与非门 U3A 输出高电平，门控多谐振荡器起振，由 Q5 驱动扬声器发出提示音。门控振荡器的振荡频率由 R14、C1 的参数决定，振荡频率约为 800Hz。

SA5 是复位按钮，按下 J5A，可使与非门 U5A CD4011 的一个输入端置零，其输出变为高电平，即 CP=1，电路又回到 Q1~Q4=1，Q1~Q4=0 的初始状态，为下一轮抢答做好准备，其他 3 路的工作原理与之相同。

4.　多路抢答器电路的仿真

（1）电源电路仿真。当输入 220V/50Hz 的交流电压经过变压整流滤波稳压输出约为 12.593V 的直流电压。结果如图 5.113 所示。

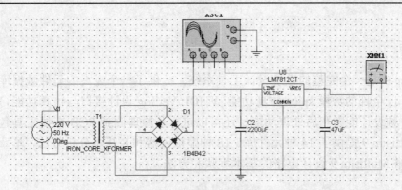

图 5.112　电源电路接线图

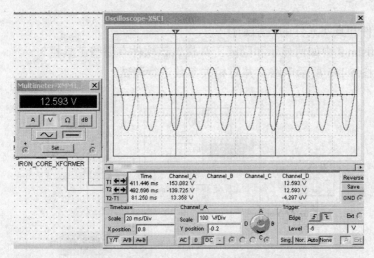

图 5.113　电源电路仿真结果

（2）总电路的仿真及分析。当在主持人将开关 S5A 清零宣布抢答开始命令后，S1A、S2A、S3A 先后将开关闭合后后，LED1 亮，说明 CD4042 将 1 组的信号锁存，LED1 亮，扬声器发出声响，主持人判别出第一组抢答成功，其他组的显示不亮，没有抢答成功如图 5.114 所示。

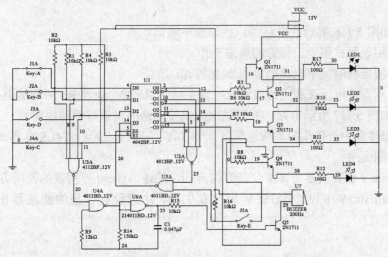

图 5.114　系统电路仿真结果

本章小结

Multisim 9 是一个完整的系统设计工具系统,提供了一个庞大的元件数据库,并提供原理图输入接口,全部的数模 spice 仿真功能,VHDL/Verilog 设计接口与仿真功能,FPGA/CPLD 综合,RF 射频设计能力和后处理功能,还可以进行从原理图到 PCB 布线工具包的无缝隙数据传输。Multisim 9 提供了 14 种元件库、18 种虚拟仪器和 8 基本分析方法,本章用了 3 个典型案例来例举 Multisim 9 设计电路的基本步骤和方法。

思考题与习题

1. 虚拟元件和真实元件的区别是什么
2. 在 Multisim 9 中如何显示和隐藏工具栏?该软件有哪些工具栏?
3. 画出如图 5.115 所示电路,并对相关参数进行测试。

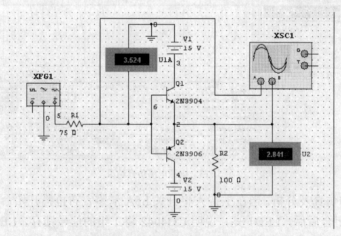

图 5.115

4. 绘制如图 5.116 所示的电路图,并作如下测试。

(1)用万用表测试图中三极管的静态工作点。

(2)用示波器观测图中电路的输入/输出波形。

(3)用显示器件电压表和电流表测试电路中流过 R6 的电流及 R6 两端的电压。

5. 画出如图 5.117 所示电路,并测试出此滤波电路的幅频特性曲线图。

6. 在元器件库中查找模拟集成运算放大器 741、三极管 3904、74LS00 和 8051,并放置在电路图的绘图区中。

7. Multisim 9 仿真仪器与真实仪器有何异同,简述 Aglient 万用表的使用方法。

8. 在 Multisim 9 中设计 1kHz 锯齿波发生器,注意设计合理的滤波器使得输出更为平滑。

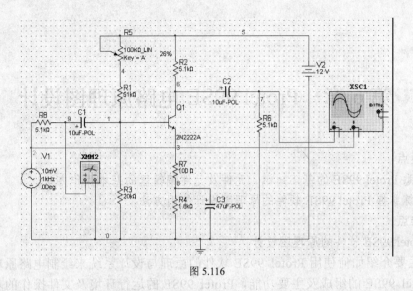

图 5.116

图 5.117

第 6 章　Protel 99SE 电路原理图设计

本章要点

● 熟悉 Protel 99SE 的基础知识、元件及元件编辑器的基本操作方法。

● 熟练掌握 Protel 99SE 软件的原理图设计使用方法。

本章难点

● Protel 99SE 软件的原理图设计。

本章主要介绍如何使用 Protel 99SE 软件的原理与设计系统来绘制电路原理图。内容包括：Protel 99SE 的组成及主要功能，Protel 99SE 的运行环境及文件操作的基本知识，Protel 99SE 的原理图环境设置等功能，并通过设计实例说明 Protel 99SE 电路原理图的设计过程。

6.1　Protel 99SE 概述

Protel 99SE 是澳大利亚 Protel Technology 公司在 Protel 99 基础上于 2000 年推出的改进版。它是 32 位的电子电路设计软件，软件功能强大，人机界面友好，易学易用，可完整实现电子产品从电子原理图和印制电路板图设计的全过程。

6.1.1　Protel 99SE 的主要功能

Protel 99SE 软件包括电路原理图设计系统、印制电路板图设计系统、元器件库编辑系统、信号模拟仿真系统和可编程逻辑设计系统等功能。

1. 电路原理图设计系统

原理图设计系统适用于原理图设计的 Advanced Scbematic 系统，包括用于原理图设计的原理图编辑器 Sch 和用于修改、生成元件的元件库编辑器 SchLib。

2. 印制电路板图设计系统

印制电路板图设计系统是用于电路板设计的 Advanced PCB，包括用于设计电路板的电路板编辑器 PCB 以及用于修改、生成元件的元件库编辑器 PCBLib。

3. 信号模拟仿真系统

信号模拟仿真系统是在原理图基础上进行信号模拟仿真的 SPICE3f5 系统。

4. 可编程逻辑设计系统

可编程逻辑设计系统是基于 CUPL 的是基于原理图设计系统中的 PLD 设计系统。包括具有语法意识的文本编辑器，用于编译和仿真设计结果的 PLD 模块。

5. Protel 99SE 内置编辑器

Protel 99SE 内置编辑器包括用于显示、编辑文本的文本编辑器 Text 和用于显示、编辑电子表格的电子表格编辑器 Spread。

6.1.2　Protel 99SE 的基础知识

1. Protel 99SE 的运行环境

Protel 99SE 的运行环境包括硬件环境和软件环境。

（1）硬件环境

为充分发挥 Protel 99SE 的强大功能，PC 性能指标愈高愈好，现在通用配置的 PC 一般都能满足要求。建议配置为奔腾Ⅲ以上处理器、128MB 以上内存、SVGA 显示器、真彩 32 色（1024×768 或更高分辨率）和 40GB 以上硬盘空间。

（2）软件环境

Protel 99SE 要求运行在 Win 2000、Win XP 等操作系统。

2. Protel 99SE 的安装

Protel 99SE 安装很简单，用户只需根据安装过程中的提示操作即可完成安装工作。

3. Protel 99SE 的文件组成

Protel 99SE 的应用程序文件 client 99SE.exe 放在安装目录下，在安装目录中包含以下 5 个文件夹。

Backup：文件备份。

Examples：Protel 99SE 自带设计实例。

Help：帮助文件

Library：该文件夹下有 SCH、PCB、PLD、SignalIntegrity 和 SIM 5 个子文件夹，分别存放原理图元件库文件、PCB 元件封装库文件、PLD 库文件以及信号完整性分析和仿真库文件。

System：存放 Protel 99SE 各服务程序文件。

4. Protel 99SE 的文件类型

在设计数据库中包含了全部的用户文件，文件类型以扩展名加以区分。Protel 99SE 常见文件类型有 abk（自动备份文件）、prj（项目文件）、ddb（计数据库文件）、sch（原理图文件）、pcb（电路板图文件）、lib（元件库文件）、net（网络表文件）、pld（pld 描述文件）、txt（文本文件）、rep（生成的报告文件）、ERC（电气规则测试报告文件）、XLS（元件列表文件）和 XRF（交叉参考元件列表文件）等。

6.2　Protel 99SE 的使用基础

6.2.1　进入 Protel 99SE 原理图设计环境

1. Protel 99SE 的启动

启动 Protel 99SE 主要有以下 3 种基本方法。

（1）双击桌面快捷图标直接进入 Protel 99SE。

（2）单击开始菜单，选择"开始"→"Protel 99SE"命令，启动 Protel 99SE。

（3）单击开始菜单，选择"开始"→"运行|Client 99SE"命令，启动 Protel 99SE。

Protel 99SE 启动后，如图 6.1 所示。

图 6.1　Protel 99SE 的启动界面

2. Protel 99SE 的关闭

关闭 Protel 99SE 主要有以下两种基本方法。

（1）单击下拉菜单，选择"File"→"Exit"命令。

（2）单击标题栏的×按钮或右击任务栏选择关闭命令。

3. Protel 99SE 的设计窗口界面

Protel 99SE 设计窗口如图 6.2 所示。

（1）标题栏：与 Windows 窗口一样，标题栏中的 3 个按钮分别为操作当前窗口的最小化、还原、最大化或关闭等功能。

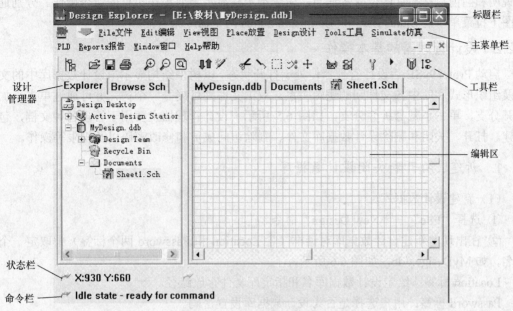

图 6.2 Protel 99SE 的设计窗口

（2）菜单栏：Protel 99SE 各个编辑器的菜单栏有较大差别，图 6.3 所示为原理图编辑器的菜单，其功能将在后面详细介绍。

图 6.3 Protel 99SE 原理图编辑器菜单栏

（3）工具栏：Protel 99SE 的工具栏很多，图 6.4 所示为系统的主工具栏（选择"View"→"Toolbars→Main Tools"命令开启和关闭），其按钮功能也可通过菜单中的命令来实现。

图 6.4 Protel 99SE 主工具栏

按钮功能从左向右依次为设计管理器开关、打开文档、保存、打印、放大、缩小、显示整个文档、上下层切换、十字探针、剪切、粘贴、选择、取消选择、移动、画图开关、画电路图开关、仿真设置、运行仿真、打开库、浏览库、撤销、重做和帮助等功能。

（4）设计器窗口：设计器窗口是主窗口的一个子窗口即编辑区，有自己的标题栏，最大化时其标题栏与主窗口标题栏合二为一，标题栏下还有一标签栏，单击某个标签将显示相应的文档。

（5）设计管理器：图 6.5 所示了包括文档管理器和浏览管理器两个标签，可用 按钮打开或关闭。文档管理器用于管理设计数据库文件；浏览管理器用于管理元器件库、网络和当前所编辑的原理图的对象等（各个编辑器的浏览管理器是不同的，此为原理图编辑器的浏览管理器）。

（6）状态栏和命令指示栏：状态栏用于显示进程的执行进度、热键

图 6.5 设计管理器

的说明和当前鼠标指针的位置等信息。命令指示栏显示当前正在执行的命令操作。分别通过视图下拉菜单下的 Status Bar 和 Command Status 两个命令来开启和开闭。

6.2.2 设计管理器的基本操作

启动 Protel 99SE 后设计管理器便处于打开状态，以树型结构显示出设计数据库中的文件以及组织形式和库中各文件间的逻辑关系。双击文件夹可展开一个树，并可通过单击小加号展开分支，单击小减号折叠分支，如图 6.5 所示。设计管理器主要用于管理各种文档，包括创建、打开、关闭和删除设计数据库文件、删除访问成员和修改密码以及权限等操作。

1. 新建、打开和关闭设计数据库

（1）新建设计数据库。

① 选择"File"→"New Design"命令。

② 在出现的新建设计数据库对话框（含 Location 和 Password 两个标签）中取定一个文件名，如 MyDesige.ddb，如图 6.6 所示。

Location 标签：给定设计数据库名和指定库文件存放路径。

Password 标签：用户选择是否为设计数据库设置密码。

（2）打开设计数据库。

① 选择"File"→"Open"命令。

② 在弹出得的新建设计数据库对话框中选定设计数据库文件后选择打开命令，如图 6.7 所示。

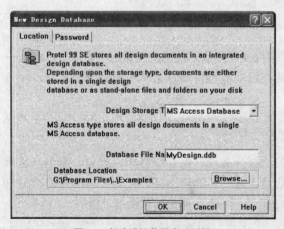

图 6.6 新建设计数据库对话框

图 6.7 打开设计数据库对话框

（3）关闭和删除设计数据库。在文档管理器中对当前设计数据库选择"File"→"Close Design"命令关闭设计数据库。

在设计管理器选中待删除数据库（设计数据库中文件已经关闭），选择"Edit"→"delete"命令后退出 Protel 99SE 软件，在 Windows 环境下删除数据库文件（*.DDB）。

2. 文档文件的管理

（1）创建新文档。新建设计文档包括新建原理图、印制电路板图、文本、表格、波形等文件。新建文档的操作方法如下。

① 定位需要新建文档的文件夹。

② 选择"Edit"→"new"命令，打开 New Document（新建文件）对话框，如图 6.8 所示。

③ 在 New Document 对话框中双击需要建立的文档类型图标，单击"OK"按钮即可。

（2）打开文档。在设计浏览器中双击要打开的文档，也可以在要打开的文档上单击鼠标右键，在快捷菜单中选择"Open"命令。

（3）关闭文档。关闭文档的方法有以下两种。

方法一：选择"File"→"Close"命令，关闭当前的设计文件。

图 6.8　New Document 对话框

方法二：在设计浏览器中，在需要关闭的文件上单击鼠标右键，在快捷菜单中选择"Close"命令，也可以关闭文件。

（4）删除文档。要删除文档需要先关闭文档，删除文档有以下两种方法。

方法一：在要删除的文档上单击鼠标右键，在快捷菜单中选择"Delete"命令，可删除文件。

方法二：在要删除的文档上按住鼠标，直接将文档拖到"回收站"中。

（5）文档更名。在新建一个文件或文件夹时，系统将自动生成文件名或文件夹名。如新建原理图文件时，系统将自动任命为 Sheet1.Sch、Sheet2.Sch 等。若要对其更名，常用的更名方法有以下两种。

方法一：在新建文件或文件夹时直接命名，而不采用系统默认的名字。

方法二：将光标移到要更名的文件图表上，单击鼠标右键，在弹出的快捷菜单中选择 Rename 命名，输入新的名字即可。

（6）文档的导入和导出。Protel 99SE 可以导入文档供当前的设计数据库使用，也可以导出文档供其他软件编辑使用。

导入文档的操作方法如下。

① 激活需要导入文档的文件夹。

② 选择"File"→"Impoet"命令，打开 Open Design Document（文档导入）对话框，如图 6.9 所示。

③ 选择需要导入的文档格式和文件名，单击"Open"按钮即可导入文档。

导出文档的操作方法如下。

① 激活需要导入文档的文件夹。

② 在导出的文档上单击右键，在快捷菜单中选择"Export"命令。

③ 在弹出的 Export Document 对话框中设置导出文档名，如图 6.10 所示。单击"保存"按钮即可导出文档。

图 6.9 Open Design Document 对话框

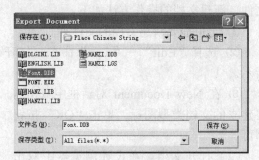

图 6.10 Export Document 对话框

6.2.3 设计环境设置

原理图设计环境设置包括图纸、栅格、标题栏、图形编辑环境和元件库设置等，通过"Design"→"Options"命令完成设置（"Tool"→"Preference"命令的操作请参阅有关资料）。

1. 图纸、栅格和标题栏的设置

单击鼠标右键，选择"Document Options"命令快速进入图纸设置，或者启动"Design"→"Option"命令出现图 6.11 所示的对话框，选择"Sheet Pptions"选项卡进行图纸设置。

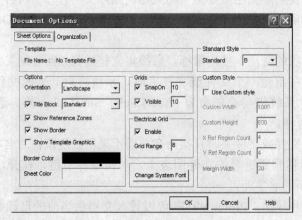

图 6.11 Document Options 对话框

图纸设置包括如下内容。

（1）图纸方向的设置：Landscape 为水平放置图纸；Portrait 为垂直放置图纸。单击"Orientation"选项的 ⊡按钮，弹出下拉列表框，单击"Landscape"选项，即可将图纸设置为水平方向。

（2）图纸颜色的设置：Border 为图纸边框颜色，Sheet 为图纸颜色。单击"Border"右边的颜色框，将弹出 Choose Color 对话框。只要用鼠标在系统提供的 238 种基本颜色中单击一种，在单击"OK"按钮即可。Sheet 的选择方法与 Border 颜色的选择方法基本相同。

（3）图纸尺寸的设置：Standard Style 为国际认可的标准图纸，有 18 种可供选择。单击

Orientation 选项的 按钮，弹出下拉列表框，可选择合适的标准图样号。Custom Style 为用户自定义图纸（要选中"Use Custom Style"复选框），需要用户设置图纸的尺寸、边框分度和边框宽度，Custom Width 表示宽度，Custom Height 表示高度，X Ref Region Count 表示水平分度，Y Ref Region Count 表示垂直分度，Margin Width 表示边框宽度。

Protel 99SE 中使用的尺寸是英制，它与公制之间的关系为：

1 inch（英寸）=25.4mm，1 inch=1000 mil（毫英寸），1mm=40mil 。

（4）图纸边框设置：Show Reference Zone 表示显示图纸参考边框，选中则显示。Show Border 显示图纸边框，选中则显示。

（5）标题栏设置：Title Block 表示显示标题栏。有 Standard（标准）和 ANSI（美国国家标准协会）两种标题栏格式。单击 Title Block 选项的 按钮，弹出下拉列表框，选择 Standard 选项，即可将标题栏设置为标准标题栏。

（6）栅格设置：SnapOn 表示捕捉栅格，即光标位移的步长，选中此项表示光标移动时以 SnapOn 右边的设置值为单位，默认值为 10mil。Visible 表示可视栅格，屏幕显示的栅格，默认值为 10mil。Electrical Grid 表示电气捕捉栅格，默认值为 8mil，选中该栅格画图连线时（线与线间或线与管脚间）连线一旦进入电气捕捉栅格范围时，连线就自动地与另一线或管脚对齐，并显示一大黑点，该黑点又称为电气结点。

Snap Grid 用于将元件、连线放置在栅格上，使图形整齐且易画图，Visible Grid 用于显示，以确定元件位置，而 Electrical Grid 则用于连线。

（7）Organization 的设置：在图 6.11 中选择"Organization"选项卡，如图 6.12 所示。可以设置一些特殊字符串变量，各选项意义如下。

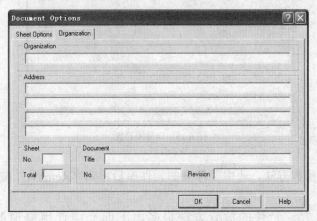

图 6.12 "Organization"对话框

Organization 公司或单位名称，Address 公司或单位的地址，Sheet 电路图编号，包括本张电路图号（No.）和电路图总数（Total），Document 分别表示本张电路图的标题（Title）、资料号（No.）和版本号（Revision）。

2. 原理图图形编辑环境的设置

（1）元件库的设置

绘制一张原理图，首先要把有关的元器件放置到工作平面上。在画原理图放置元件之前，须先将元件所在的元件库调入到原理图浏览管理器中。调入元件库的操作方法如下。

① 进入 Protel 99SE 原理图编辑环境，打开左侧设计管理器，单击"Browse Sch"选项卡可打开原理图设计管理器。在 Browse Sch 选项卡中有 Libraries（库文件）列表区、Filte（库元件）列表区和元件封装显示区。

② 单击"Browse"选项下的 ⊡ 按钮在弹出的下拉列表框中，将出现"Primitives"和"Libraries"两个选项。若选中"Primitives"选项，则进入正在进行编辑的设计文档的元件管理系统；若选中"Libraries"选项，则进入元件库管理系统。这里选择"Libraries"选项。

③ 选中"Add"→"Remove"按钮进行添加或移去元件库的操作，如图 6.13 所示。Protel 99SE 将所有元件均放在安装目录中"Library"文件夹下，根据元件的类型放在 Sch、Pcb、Pld、Sim 和 SignalIntegrity5 个子文件夹中，选中需要的元件库后单击"Add"按钮，被选中的库文件会出现在"Selected Files"列表框中，将该元件库添加到库列表中，然后选择"OK"按钮完成添加。

图 6.13　元件库设置

④ 移去元件库操作方法，选中要移去的元件库后单击"Remove"按钮完成元件库的移去操作。

（2）元件的放置。元件的放置方法很多，下面介绍使用原理图设计管理器放置 AM2942/B3A（28）元件的方法。

① 在库零件列表区中找到子库 AMD Analog Timer Circuit.lib，单击选中库零件列表区中的 AM2942/B3A（28）。

② 单击该区域的"Place"按钮，光标变成十字状，并且光标上带有 AM2942/B3A（28）。此时元件处于浮动状态，随十字光标移动。

③ 在元件处于浮动状态时，可按动空格键旋转元件的方向，按"X"键使元件水平翻转，按"Y"键使元件垂直翻转。

④ 调整好元件方向后，在原理图合适的位置上，单击鼠标左键十字光标消失，即可将元

件放置到当前位置。如图 6.14 所示。

⑤ 此时系统仍处于放置元件状态，单击鼠标左键一次，就会在工作平面的当前位置放置另一个相同的元件。按"Esc"键或单击鼠标右键，即可退出该命令状态。

也可以双击该元件，然后在原理图中选择合适位置，单击鼠标左键把元件添加到原理图中。

（3）元件的命名。双击元件 AM2942/B3A（28），打开 Part Designator 对话框，如图 6.15 所示，在文本框中输入 IC1，单击"OK"按钮，即可将元件 AM2942/B3A（28）命名为 IC1。

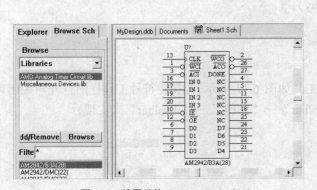

图 6.14　放置元件 AM2942/B3A（28）

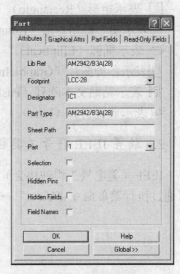

图 6.15　元件编辑对话框

（4）元件的删除。选中所要删除的元件，执行菜单命令"Edit"→"Clear"即可删除选中的元件。

（5）元件的移动。按住鼠标不放，移动鼠标在绘图区内拖出一个适当的虚线框将所要选择的元件包含在内，然后松开左键即可选中虚线框内的所有元件或图件。选中后单击被选中的元件组中任意一个元件，并按住鼠标左键不放，出现十字光标既可移动被选中的元件组到适当的位置，然后松开鼠标左键，元件组被放到了当前位置。

6.2.4　创建新元件

创建一个新元件可以使用两种方法，一种方法是利用绘图工具栏和 IEEE 符号栏，直接在设计窗口会址；另一种是从现有的元件库中选择一个相似的元件，复制在设计窗口，然后对其进行编辑。

在创建一个新元件之前，先要掌握常用的 SchLib 元件编辑系统的画图工具栏及一些选项的设置方法。

1.　画图工具栏

图 6.16 所示为画图工具栏。工具栏的打开与关闭可以通过执行菜单命令"View"→

"Toolbar"→"Drawing Toolbar"来实现。各个按钮的功能如下。

　　／表示直线（Lines）。

　　∿表示贝赛尔曲线（Beziers）。

　　表示椭圆弧线（Elliptical Arcs）。

　　表示实心多边形（Polygons）。

　　T表示文本（Text）。

　　表示添加新元件（New Comonent）。

　　表示添加多元件芯片中的元件（New Part）。

　　□　表示矩形（Rectangle）。

　　表示实心圆角矩形（Round Rectangle）。

　　◯ 表示椭圆（Elliptical）。

　　表示各种图片（GraphicImage）。

　　表示粘贴文本阵列（Paste Array）。

　　表示放置引脚（Pins）。

2.　放置 IEEE 符号工具栏

IEEE（美电气工程师协会）绘图工具如图 6.17 所示。IEEE 符号工具栏的打开与关闭可以通过执行菜单命令"View"→"Toolbar"→"IEEE"→"Toolbar"来实现。

图 6.16　画图工具栏　　　　　　　　图 6.17　IEEE 符号工具栏

IEEE 符号工具栏说明如下。

◯	：圆圈符号。	⌐	：低电平有效输出符号。
←	：由右向左符号。	π	：圆周率 π 符号。
▷	：上升沿触发的时钟符号。	≥	：大于等于符号。
⌐	：低电平有效的输入符号。	≙	：无源上拉输出符号。
⌂	：模拟输入符号。	◇	：发射极开路输出符号。
✳	：无逻辑连接符号。	≂	：无源下拉输出。
⌐	：延迟输出符号。	#	：数字信号输入符号。
⌂	：集电极开路输出符号。	▷	：反相器符号。
▽	：三态输出符号。	◁▷	：双向符号。
▷	：缓冲输出/驱动符号。	◂―	：数据左移符号。
⊓	：脉冲符号。	≤	：小于等于符号。
⊢	：延时符号。	Σ	：求和符号。

］：并行 IO 线组合符号。 □：施密特触发器符号。

｝：二进制组合符号。 ⊸：数据右移符号。

3．新建元件

新建元件的一般流程如图 6.18 所示。

（1）启动元件编辑器。启动"File"→"New"命令在新建文件框中选中"Schematic library Document"图标进入元件编辑器，如图 6.19 所示。元件编辑器的界面与原理图设计界面相似，编辑区分为 4 个象限，绘制元件在第四象限原点附近进行。

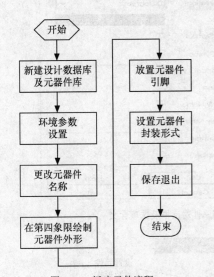

图 6.18　新建元件流程

图 6.19　元器件库编辑器主界面

（2）新元件命名。新建一个元件库，系统自动设置新建元件名为 Component_1 的元件，选择 Tools|Rename Component 命令可以更改元件的名称。

（3）工作环境参数设置。工作环境参数设置与原理图类似。

（4）元件管理。利用元件管理器可对元件进行管理。

选择单击设计管理器中"Browser Schlib"出现图 6.20 元件管理器窗口，该窗口由 Components（元件）区域、Group（组）区域、Pins（管脚）区域和 Mode（元件模式）区域 4 部分组成，各个区域的功能请参阅有关资料。

（5）绘制元件的外形图。在第四象限原点附近，利用画图工具绘制元件的外形图。

（6）编辑元件管脚。绘制好元件外形图后单击画图工具栏中的 ⌐ 图标或选择"Place"→"Pins"命令后，光标"粘连"一个引脚可对其进行属性编辑，将引脚移到合适位置后确定完成引脚的编辑，如图 6.21 所示。

Electrical Type：其中有输入引脚（Input）、 输入输出引脚（I/O）、输出引脚（Output）、集电极开路型引脚（Open Collector）、无源引脚（Passive）、三态输出引脚（Hiz）、射极开路输出引脚（Open Emitter）和电源引脚（Power）8 种。

（7）元件描述。选择"Tools"→"Description"命令出现图 6.22 所示的对话框。

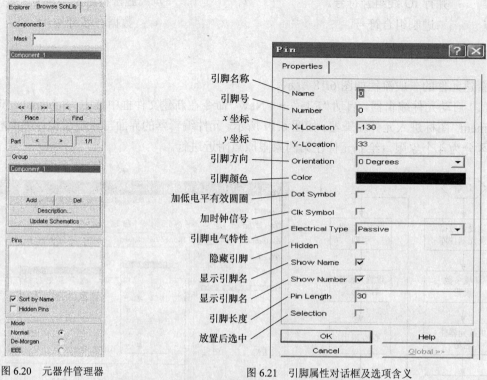

图 6.20 元器件管理器

图 6.21 引脚属性对话框及选项含义

引脚名称 — Name
引脚号 — Number
x 坐标 — X-Location
y 坐标 — Y-Location
引脚方向 — Orientation
引脚颜色 — Color
加低电平有效圆圈 — Dot Symbol
加时钟信号 — Clk Symbol
引脚电气特性 — Electrical Type
隐藏引脚 — Hidden
显示引脚名 — Show Name
显示引脚名 — Show Number
引脚长度 — Pin Length
放置后选中 — Selection

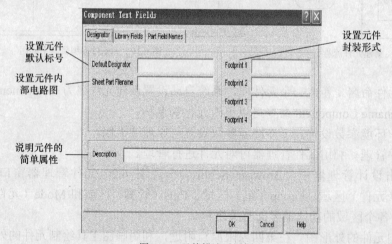

设置元件默认标号 — Default Designator
设置元件内部电路图 — Sheet Part Filename
设置元件封装形式 — Footprint
说明元件的简单属性 — Description

图 6.22 元件描述对话框

4. 元件绘制实例

下面以 74L2S90 计数器为例介绍元件编辑器的综合应用。

（1）新建元件，选择"File"→"New"命令在出现的对话窗口中选择"Schematic Library Document"图标，新建一个缺省名为 Schlib.lib 元件，进入元件库编辑器的主界面并进行相应的环境参数设置。

（2）绘制元件外形，在绘图工具箱中单击▩图标后出现一个矩形方块并随鼠标移动，将方块放到第四象限使方块左上角与坐标原点重合，单击鼠标左键固定左上角后拖动鼠标到合适位置单击左键确定方块右下角，单击鼠标右键或按 Esc 键完成操作，如图 6.23 所示。

（3）放置管脚，单击工具箱中的 ⨪ 图标后鼠标变成十字形并"粘连"一个管脚，将鼠标移到合适的位置放置管脚（用空格键及 X 键调整其方向），如图 6.24 所示。

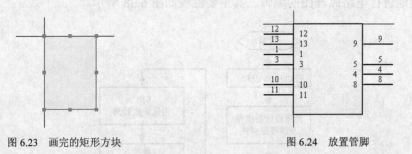

图 6.23　画完的矩形方块　　　　　　　　　图 6.24　放置管脚

（4）编辑管脚名称。按照使用习惯编辑修改管脚名称和序号，如图 6.25 所示。

管脚 12、13 为异步清 0 端，Name=$R_0(1)$、$R_0(2)$，Electrical Type=Input

管脚 1、3 为异步置 9 端，Name =$S_9(1)$、$S_9(2)$，Electrical Type=Input

管脚 10、11 为时钟脉冲触发端（用"＾"符号表示），下降沿有效（用"O"表示），故 Name=CK_A、CK_B，选中 Dot Symbol 和 Clk Symbol 两个复选框，Electrical Type=Input

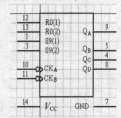

图 6.25　设置好引脚的 74LS290

管脚 14 为电源端，Name=V_{CC}，Electrical Type=Power。

管脚 7 为地线端，Name=GND，Electrical Type=Power。

管脚 8、4、5、9 均为输出端，其 Name 分别为：Q_D、Q_C、Q_B、Q_A，Electrical Type=Output。由于电源端和地线端一般情况下不显示，选中 Hidden 选项将这两个管脚隐藏，对管脚的长度可根据需要进行 Length 设置。

（5）设置元件属性，单击元件管理器中的"Description"按钮或选择"Tools"→"Description"命令出现元件属性对话框，对元件 74LS290 输入如图 6.26 所示内容。

（6）保存元件，元件设计完成后存盘将元件存入元件库，最后完成的具有双时钟脉冲触发的计数器如图 6.27 所示。

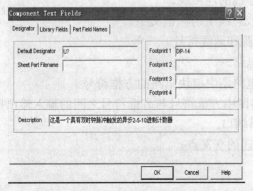

图 6.26　元器件库中元件属性设置对话框

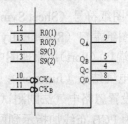

图 6.27　元件 74LS290

6.3　原理图设计

　　Protel 99SE 原理图具有强大的编辑功能,提供了多种设计工具和数万个可供选择的元件,可方便快捷地进行电路原理图的编辑。其主要流程如图 6.28 所示。

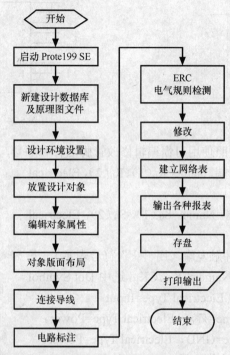

图 6.28　设计原理图流程

6.3.1　原理图设计的工具

　　连线工具栏如图 6.29 所示。连线工具栏各个按钮的功能如下。

　　≈ 导线（Wrie）：电气连线。

　　∱ 总线（Bus）：一组电气意义相关信号线，用粗线表示。

　　▶ 总线分支线（Bus Entry）：总线与导线的连接线。

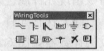

图 6.29　连线工具栏

　　Net1 网络标号（NetLabel）：放于导线或总线上的标识文字。

　　⇌ 电源、地线端子（Power Port）：电源和地线符号。

　　▷ 元器件（Part）：分立元件和集成电路。

　　▨ 图纸符号（Sheet Symbol）：层次电路图中模块电路的方框符号。

　　▨ 图纸端口（Sheet Entry）：层次电路图中方框符号与方框符号之间的输入输出接口。

　　▣1 端口（Port）：原理图中的输入输出端口。

　　┿ 电气结点（Junction）：具有电气相连的交叉点。

　　✗ 设置忽略电气法则测试。

　　▥ 为 PCB 布线加指示到网络。

原理图中的导线是具有电气连接意义的重要电气元件，而画图工具中的画线是没有电气连接意义的。

6.3.2 层次原理图的设计

层次电路是把一个较大的电路原理图分成几个模块（用方块图表示），每个模块用一张原理图描述，电路设计者从总体结构上把握电路，若需改动电路的某一细节，只需对相关的电路模块进行修改，不影响整个电路的结构。

1. 层次原理图设计方法

层次原理图设计可采取自上而下（从主电路开始，逐级向下）或自下而上（从基本单元电路开始，逐级向上）两种方法进行设计。这里主要介绍自上而下的设计方法。

2. 层次电路的结构

层次电路主要包括两大部分：主电路图和子电路图。层次电路的结构类似于 Windows 中的目录树结构。在设计数据库中，顶层为项目文件（.prj），主电路相当于整机电路中的方框图，图中的每一个方块图都对应着一个具体的子电路图（.sch）。

3. 层次电路设计实例

（1）新建项目及模块文件。在示例设计数据库下建立文件夹"数字钟"并新建原理图"数字钟.Sch"，将其更名为"数字钟．Prj"后新建各模块对应的原理图文件，如图 6.30 所示。

（2）绘制方块电路。打开项目文件"数字钟.Prj"，在编辑区绘制方块图。单击画图工具栏中 图标或执行"Place"→"Sheet Symbol"命令后光标变为十字形，移动光标方块电路随光标而移动，如图 6.31 所示，按照图 6.32 所示进行属性编辑。将光标移到相应位置后单击鼠标左键确定方块电路的左上角位置，再拖动鼠标到合适位置后单击鼠标右键确定右下角位置完成方块电路绘制，如图 6.33 所示。

图 6.30 "数字钟"项目及模块文件   图 6.31 放置方块电路

完成一个方块电路的绘制后，系统仍处于"放置方块电路"状态，可重复以上步骤放置其他方块电路，最后单击鼠标右键或按"Esc"键退出。

（3）放置方块电路端口。方块电路绘制后需要添加相应的端口，单击工具栏中 图标或执行"Place"→"Add Sheet Entry"命令，光标变为十字形，移动光标至方块电路边缘位置后单击左键生成端口，按照图 6.34 所示进行属性编辑，拖动端口放置在方块电路的合适位置，完成放置端口的操作。

图 6.32　属性对话框

图 6.33　振荡器电路模块

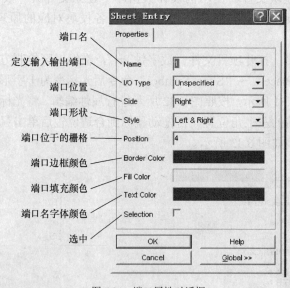

图 6.34　端口属性对话框

图 6.35 所示为完成了端口设置的"数字钟"方块电路模块。

（4）连接各方块电路。将所完成后的方块电路连接起来，如图 6.36 所示。

（5）子电路设计。主电路完成后设计各方块电路对应的原理图。子电路使更具主电路中的方块电路，利用有关命令自动建立的，不能用建立新文件的方法建立。具体方法可查阅相关资料。

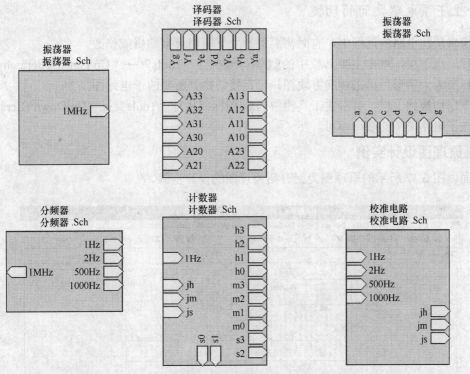

图 6.35 "数字钟"方块电路及其端口设置完成后的电路图

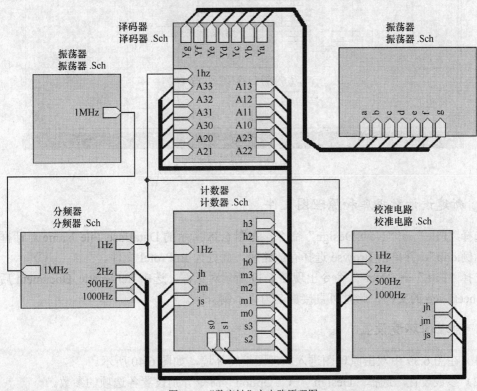

图 6.36 "数字钟"主电路原理图

4. 上下层电路之间的切换

在编辑层次电路的过程中，有时需要进行上下层切换来编辑或修改。

从顶层到下层，单击主工具栏中的图标或执行"Tools"→"Up/Down Hierarchy"命令，光标变为十字形后单击相应方块图，可直接切换到所要的子电路图。

从下层切换到上层，单击主工具栏中的图标或执行"Tools"→"Up/Down Hierarchy"命令单击子电路图中的端口即可。

6.3.3　原理图设计实例

下面以图 6.37 所示的原理图为例介绍原理图的设计步骤。

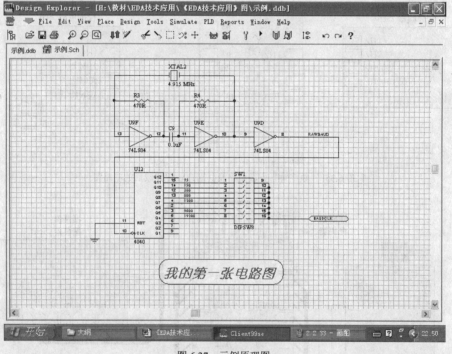

图 6.37　示例原理图

1. 新建设计数据库和原理图文件

选择"File"→"New Design"命令，在图 6.38 所示的 DataBase File Name 对话框中输入"示例.ddb"，并单击 Browse 选择存放路径，此处为 E:\Protel 文件。

选择"File"→"New"命令出现图 6.39 所示对话框，选中 Schematic Document 后确认生成 Sheet1.sch 的文档，此时可直接更名为"示例.sch"。

2. 原理图环境设置

（1）在图 6.39 中双击原理图进入原理图编辑环境，如图 6.40 所示。

（2）参数设置。选择"Design"→"Option"命令分别设置各选项的参数。

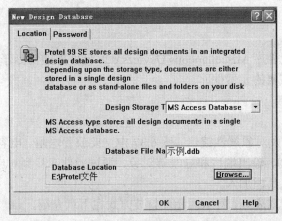

图 6.38　新建设计数据库示意图

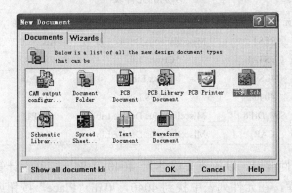

图 6.39　新建原理图对话框

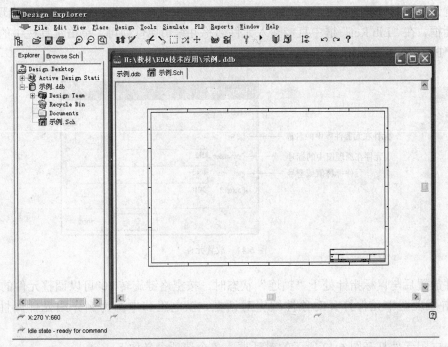

图 6.40　原理图编辑器界面

3. 元件库加载

系统启动时基本元件库 Miscellaneous Devices.ddb 元件库通常处于默认状态,用户可以按照前面步骤添加其他需要的元器件库。

4. 原理图编辑

(1)放置设计对象及对象属性编辑。图 6.37 中主要放置电阻、电容、反相器、石英晶体、组开关、集成芯片 4040、输出端口和导线等对象,通过元件库找到对应的元件并放到原理图中,导线和端口等由工具栏加入。

示例中的元件位置如表 6.1 所示,元件封装方式在下章介绍。

表 6.1   **示例的元件表**

元 件 编 号	元 件 名 称	所在位置库	封 装	中 文 名
R3、R4	RES1	Miscellaneous Device.Lib	AXIAL0.3	电阻
XTAL2	CYSTAL	Crystal.Lib	XTAL1	石英晶体
U9D、U9E、U9F	74LS04	74xx.Lib	DIP 14	反相器
U12	4040	CMOS.Lib	DIP16	集成电路
SW1	SW_DIP8	Miscellaneous Device.Lib	DIP16	组开关
C9	CAP	Miscellaneous Device.Lib	RAD0.2	电容

① 放置元件及属性编辑。以放置集成芯片 4040 为例,打开设计管理器后单击 Browse 选中 CMOS.Lib 元件库,在元件列表中找到 4040,单击"Place"按钮或双击 4040 元件将元件放入到原理图编辑区中。

放置元件的另一种方法是在编辑区单击鼠标右键,执行"Place Part"命令,出现图 6.41 所示对话框,在"Lib Ref"框中直接输入元件名称并编辑属性即可。单击工具栏中的⊅工具或选择"Place"→"Part"命令也可进行放置元件的操作。

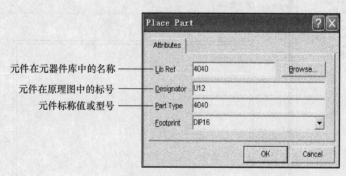

图 6.41   放置元件

元件放置后与鼠标指针处于"粘连"状态时,按空格键旋转 90°可以调整元件的方位。

双击原理图中元件打开对象性编辑对话框,以电阻和电源为例介绍元件属性的编辑方法。

双击电阻元件打开图 6.42 所示的对话框,各个选项含义如下。

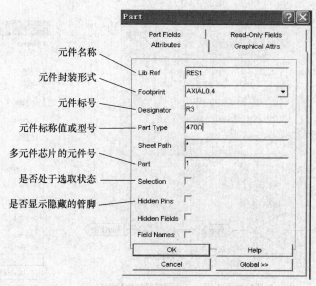

图 6.42　元件属性对话框

② 放置电源和地线及属性编辑。电源和接地符号通过单击工具栏中╤图标放置，若电源和接地符号不符合要求，可双击电源符号，在弹出的 Power Part 属性对话框中进行修改。其属性对话框如图 6.43 所示。

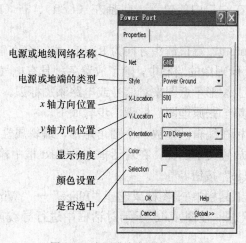

图 6.43　电源或地线属性对话框

选择"Place"→"Port"命令或工具栏中▣图标后进入放置电路端口状态，此时光标上带一个悬浮的电路端口，单击鼠标左键确定端口的起点，拖动光标可改变端口的长度，单击鼠标左键放置电路端口，如图 6.44 所示，单击鼠标右键结束放置状态。

双击端口出现属性对话框，如图 6.45 所示。

对话框中主要项意义如下。

Name：端口名。

Style：端口箭头方向，包括无（Non）、左（Left）、右（Right）和双向（Left&Right）四种形式。

171

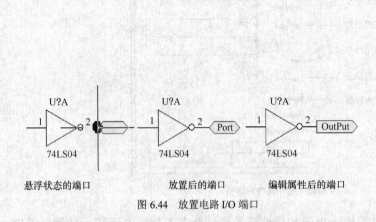

悬浮状态的端口　　　　　　放置后的端口　　编辑属性后的端口

图 6.44　放置电路 I/O 端口

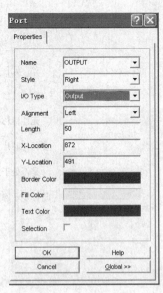

图 6.45　电路端口属性

I/O Type：端口电气特性类型，包括不指定（Unspecified）、输出端口类（Output）、输入端口类（Input）和 Biderectional（双向型）4 种。

Alignmernt：端口名在端口中的位置，包括左（Left）、右（Right）和居中（Center）3 种。

这里设置端口名为 Output，端口箭头方向为 Right，端口名在端口中的位置为 Left。

③ 电路标注。在实际原理图的绘制中，除了放置各种具有电气特性的对象外，有时还需要放置一些说明文字或画上波形示意图来对信号或电路添加标识。

放置示例图中"我的第一张原理图"标识，步骤如下。

单击工具栏中的 ▒ 图标在编辑区拖放一个圆角矩形，编辑属性设置边框宽度、颜色和填充色，选择工具栏中的 T 放置文字图标，在对话框中的 Text 框中输入"我的第一张电路图"并编辑属性后单击"Change"按钮。

（2）绘制导线。单击工具栏中 ≈ 图标或选择"Place"→"Wire"命令后光标变成"十"字状，表示处于画导线状态，在图 6.46 所示对话框中进行导线属性设置。设置完毕，单击"OK"按钮即可。

导线宽度包括：Smallest、Small、Medium、Large 4 种。

（3）总线和网络标号。画原理图时常要用到总线，总线是用一条线来表示几条并行的导线，通常以粗线表示，配合总线分支线和网络标号一起使用，总线通过分支线与其他端口相连，网络标号相同的导线才具有电气连接。

通过工具栏中 ⌐ ⌐ Net1（总线、总线分支线及网络标号）3 个按钮分别绘制总线、分支线及放置网络标号，如图 6.47 所示。

总线和总线分支线的属性设置与导线基本相同，这里不再重复。

网络标号的设置要注意以下几点。

图 6.46 导线属性设置

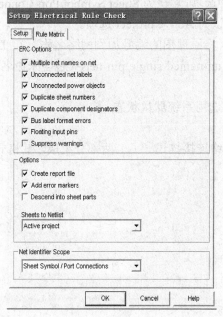

图 6.47 带有总线的原理图

① 网络标号不能直接放在元件的引脚上，一定要放在引脚的延长线上。

② 如果定义的网络标号最后一位是数字，在下一次放置网络标号时，数字将自动加 1。

③ 网络标号是有电气意义的，不能用任何字符串代替。

5. 电气规则测试

电气规则测试（Electronic Rules Checking，ERC）用来对编辑好的原理图进行电气规则测试，通常按用户指定的物理、逻辑特性进行，检测完毕后自动生成报告文件。选择"Tools"→"ERC"命令执行该项操作后出现图 6.48 所示对话框，完成选项的设置。

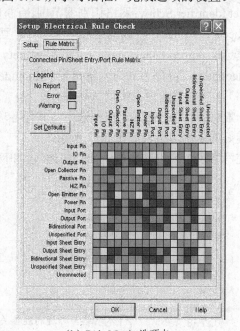

（a）Setup 选项卡　　　　　　　　　（b）Rule Matrix 选项卡

图 6.48 ERC 设置对话框

173

图 6.47（b）的选项卡主要用来定义各种引脚、输入/输出端口、电路图出口/入口彼此间的连接状态是否已构成错误（Error）或警告（Warning）等级的电气冲突。绿色方块表示这种连接方式不会产生错误或警告信息，黄色方块表示这种连接方式会产生警告信息，红色方块表示这种连接方式会产生错误信息。具体操作设置可参阅有关资料。

电气规则检测若有错，有时需要反复修改，直至检测报告文件如图 6.49 所示方可进行下一步工作。

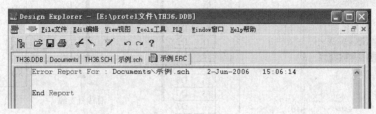

图 6.49　正确的 ERC 报告

6. 网络表及报表的生成

（1）网络表文件的生成。Protel 99SE 绘制原理图最主要目的是生成网络表文件用于实现电路板的设计（自动布局、自动布线及网络表比较）。

选择 "Design" → "Create Netlist" 命令出现图 6.50 所示网络表对话框，该对话框中有 Preferences 和 Trace Options 两个选项卡。

Preferences 选项卡中主要选项含义如下。

Output Format：输出格式，Protel 99SE 提供了 8 种格式供用户选择，默认为 Protel 输出格式。

Net Identifier Scopy：网络识别器范围，有 3 种选项，默认为 Sheet Symbol/Port Connections。

Sheets to Netlist：生成网络表的源文件，默认为 Active project 选项。

复选框 Append sheet numbers to local nets（将原理图的编号加到网络名称上）、Descend into sheet parts（降序方式进入清单）和 Include un-named single pin nets（包含未命名的单管脚网络）3 项通常选用系统默认状态。

一般将 Enable Trace 复选框选中，其他各项选用系统默认状态。

建好的示例网络表如图 6.51 所示。

在网络表中的内容主要由元件描述[ ]和网络连接描述（ ）两部分组成，其格式如下：

```
[              元件描述开始
Xtal2          元件名称
XTAL1          元件封装形式
4.915MHz       元件标注
]              元件描述结束
(              网络定义开始
GND        网络名称
U7-9    ⎫
U12-8   ⎬  本网络与邻近的连接关系
U12-11  ⎭
)              网络定义结束
```

注意：所有的元件都必须有描述，网络都应列出。

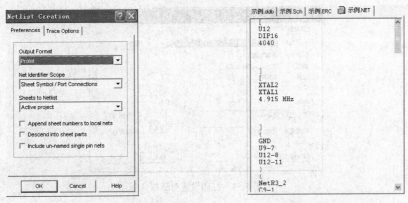

图 6.50　网络表对话框　　　　　　　　　　　　图 6.51　网络表结构

（2）生成报表。选择"Reports"→"Bill of Material"、"Reports"→"Design Hierarchy"、"Reports"→"Cross Referdnce"和"Reports"→"Netlist Compare"命令将分别生成材料清单、生成项目层次报告、生成交叉参考报告和生成网络比较报告文件。

7．存盘

（1）保存文件。选择"File"→"Save"（保存一个文件）、"File"→"Save All"（保存所有文件）和"File"→"Save Copy As"（备份）命令完成文件的保存。

（2）输出文件。有打印机输出和绘图仪输出两种类型。Protel 99SE 支持多种打印机，操作步骤如下。

① 打开原理图文件。

② 执行菜单命令"File"→"Setup Printer"，系统弹出原理图打印对话框，如图 6.52 所示。具体操作设置可参阅有关资料。

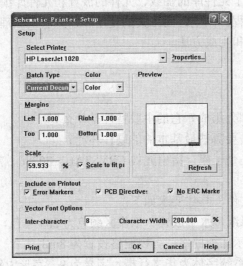

图 6.52　原理图打印对话框

③ 单击"Properties"按钮，系统会弹出打印对话框，如图 6.53 所示。在打印对话框中，

可选择打印机，设置打印纸张的大小、来源、方向等。

图 6.53　打印设置对话框

④ 打印：单击图 6.52 中 "Print" 按钮即可。

本章小结

Protel 99SE 是 32 位的电子电路设计软件，软件功能强大，人机界面友好，易学易用，可完整实现电子产品从电子原理图和印制电路板图设计的全过程。

Protel 99SE 软件包括电路原理图设计系统、印制电路板图设计系统、元器件库编辑系统、信号模拟仿真系统和可编程逻辑设计系统等功能。

Protel 99SE 原理图具有强大的编辑功能，提供了多种设计工具和数万个可供选择的元件，可方便快捷地进行电路原理图的编辑。

本章简单介绍了 Protel 99SE 的组成、特点及运行环境，重点介绍了 Protel 99SE 的文件操作的基本知识，Protel 99SE 的环境设置，主要包括窗口、图纸、格点和光标以及其他设计环境的有关设置。

并以实例的方法讲述了元件库的加载、元件的放置和元件库编辑器的使用，编辑和建立新元件等原理图的设计过程。画电路图工具的使用和建立层次原理图的设计方法， ERC 列表、网络表等报表的内容和生成方法。

思考题与习题

1. Protel 99SE 有几部分组成？它的主要特性是什么？

2. Protel 99SE 系统需要哪些最基本的的硬件环境？

3. 在元件库中有哪几个子库，指出元件 CRYSTAL、80286、74LS290、POT2 分别位于哪一个元件库中。

4. 新建一个原理图文件，具体要求如下：

（1）图纸设置：A4 图纸，水平放置、工作区颜色为 209 号色，边框颜色为 8 号色。

（2）栅格设置：不显示捕捉栅格，可视栅格设置为 8mil。

（3）字体设置：设置系统字体为华文行楷、字号为 9、字形为斜体。

（4）标题栏设置：标题栏为标准型。

5. 如何设置才能将 Protel 99SE 原理图编辑区中的元件复制到 Word 文档中。

6. 新建一个原理图文件，命名为 XT-3.sch，在 XT-3.sch 文件中添加 Spice、PLD、Altera Memory 3 个库文件。

7. 利用画图工具栏 DrawingTools 中的 Bezier 工具绘制两个周期的正弦波图形。

8. 电路如图 6.54 所示，按照图样绘出原理图，具体要求如下：

（1）按照图样编辑元件、连线、端口和网络。

（2）重新设置所有元件名称，字体仿宋-GB2312，大小为 11。

（3）重新设置所有元件类型，字体仿宋-GB2312，大小为 12。

（4）在原理图中插入文本框，输入"原理图 1"仿宋-GB2312，大小为 18。

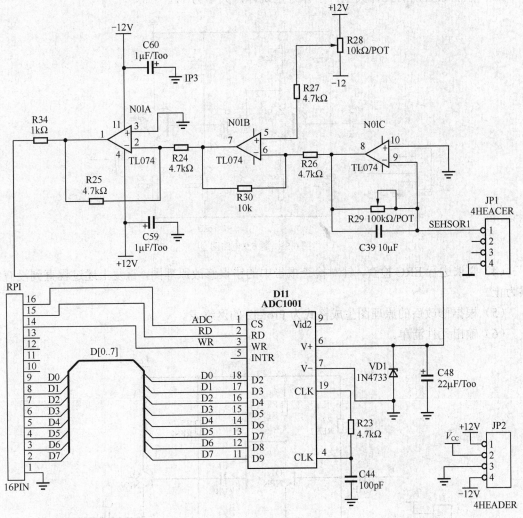

图 6.54　题 6.7 电路图

9. 说明总线的使用方法及网络标号的作用。

10. 绘制图 6.54 所示的两级放大电路。具体要求如下：

（1）按照图样编辑元件、连线、端口和网络。

（2）重新设置所有元件名称，字体 Arial，大小为 10。

（3）重新设置所有元件类型，字体 Arial，大小为 11。

（4）要求进行 ERC 检查，针对检查报告中的错误修改原理图，重复上述过程直到没有错误为止。

（5）根据修改后的原理图生成格式为 Protel2 的网络表。

（6）输出元件清单。

11. 电路如图 6.56 所示，试绘制其原理图。具体要求如下：

（1）按照图样编辑元件、连线、端口和网络。

（2）重新设置所有元件名称，字体方正姚体，大小为 10。

（3）重新设置所有元件类型，字体方正姚体，大小为 11。

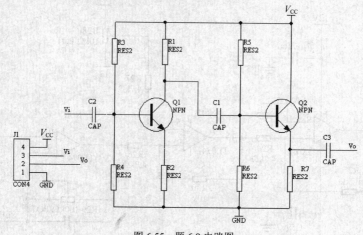

图 6.55　题 6.9 电路图

（4）要求进行 ERC 检查，针对检查报告中的错误修改原理图，重复上述过程直到没有错误为止。

（5）根据修改后的原理图生成格式为 Protel2 的网络表。

（6）输出元件清单。

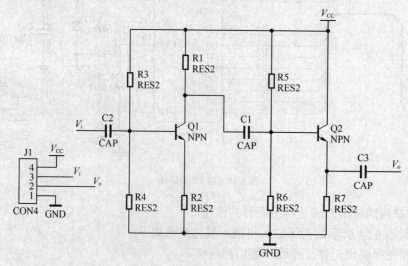

图 6.56　题 6.10 电路图

第7章　Protel 99SE 电路板图设计

本章要点

- 熟悉 Protel 99SE 电路板图设计的基础知识、PCB 编辑器的基本操作方法。
- 熟练掌握 Protel 99SE 软件的电路板图设计使用方法。

本章难点

- Protel 99SE 软件的电路板图设计。

本章主要介绍如何使用 Protel 99SE 软件的设计系统来绘制电路板图。内容包括 PCB 的基础知识，PCB 的运行环境及文件操作的基本知识，Protel 99SE 的电路板图环境设置、自动布局、自动布线及布线规则等功能，并通过设计实例说明 Protel 99SE 电路板图的设计过程。

7.1　概述

电路板图（Printed Circuit Board）称为印制板图 PCB，它用铜膜线实现了元件之间的电气连接。在电子设备中，印制电路板可以对各种元件提供必要的机械支撑，提供电路的电气连接并用标记符号把板上所安装的各个元件标注出来，以便于插件、检查和调试。在 PCB 设计完成后，用户只需将元件焊接到相应的位置即可完成电子产品的生产。

1. PCB 设计流程

印制板图的设计流程如下。

（1）用 Protel 99SE 完成原理图的设计并进行电气规则检查后，生成电路网络表。

（2）进入电路板图编辑器，同时进行环境设置。

（3）调用网络表，执行宏命令操作将元件之间的连接关系调入电路板中。

（4）对元件进行自动布局与手工调整。

（5）设置自动布线规则后系统开始自动布线。

（6）自动布线成功后，用户可对不太合理的地方进行手动调整。

（7）电路板图后处理。

2. 印制电路板的结构

（1）单面板指仅一面有导电图形的电路板。单面板的特点是成本低，但只能用于比较简单的电路设计，如收音机、电视机等。

（2）双面板指两面都有导电图形的电路板。其两面的导电图形之间的电气连接是通过过孔来完成的。双面板的特点是布线比单面板布线的布通率高，适用于比较复杂的电路，是目前采用最广泛的电路板结构。

（3）多层板是由交替的导电图形层及绝缘材料叠压粘合而成的电路板。各层之间通过金属化过孔实现电气连接。主要用于复杂的电路设计，如计算机主板的 PCB 采用 4~6 层电路板设计。

7.2　印制板图设计知识基础

7.2.1　电路板设计基础

启动 Protel 99SE 后，打开已存在的设计数据库文件，执行菜单命令"File"→"New"，在出现的对话框中双击 PCB Document 图标，建立一个 PCB 文档，如图 7.1 所示。

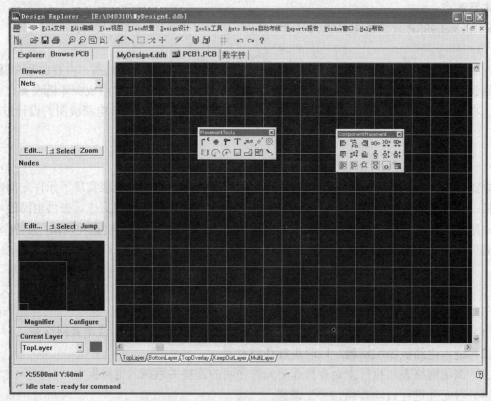

图 7.1　印制电路板编辑窗口

印制电路板的设计窗口与原理图的设计窗口非常类似，这里不再详细介绍。主要介绍与原理图的设计窗口不同的功能。

1.　主工具栏

主工具栏如图 7.2 所示，与原理图中不同的工具按钮介绍如下。

图 7.2　PCB 图主工具栏

：3D 显示，当 PCB 绘制完毕后，选中按钮将 PCB 图以三维立体图方式呈现出来。以加强实际效果。

　　▥：打开元件封装库管理（添加或移去，等效于"Library"下"Add/Remove"按钮）。

　　▨：浏览一个元件封装库中的元件。

　　╫：设置捕捉栅格。

2．工具栏

　　系统提供放置元件工具栏、元件布局工具栏和元件查找与选取工具栏，可以分别通过"View"→"Toolbars"→"Placement"命令、"View"→"Toolbars"→"Component "Placement"命令和"View"→"Toolbars"→"Find Selection"命令操作，如图 7.3、图 7.4 和图 7.5 所示。

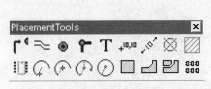
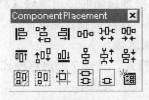

图 7.3　放置元件工具箱　　　　图 7.4　元件布局工具箱　　　图 7.5　查找选取工具箱

7.2.2　电路板设计环境设置

　　在绘制电路板图之前，需要进行工作环境参数的设置。

1．系统环境设置

　　Preference 系统环境设置对话框主要用于设置系统参数如板层颜色、光标类型、系统默认设置、PCB 设置等与系统有关的参数。

　　选择"Tools"→"Preference"命令或在快捷菜单中选择"Options"→"Preference"命令后出现图 7.6 所示系统参数设置对话框。

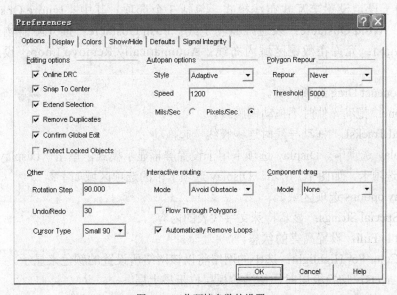

图 7.6　工作环境参数的设置

系统参数设置对话框共有 6 个选项卡，下面分别介绍。

（1）Options 选项卡。Options 选项卡用于设置一些特殊的功能，单击"Options"标签即可进入 Options 选项卡，如图 7.6 所示。

Options 选项卡中的选项区域如下。

① Editing Options 选项区域。

On Line DRC：在线电气规则检查。

Snap To Center：选择对象时，使光标自动移到所选对象参考位置。

Extend Selection：选择对象时不撤销已选的对象。

Remove Duplicates：自动删除重复对象。

Confirm Global Edit：整体编辑时，出现确认对话框。

Protect Locked Objects：保护被锁定对象。

② AutoPan option 选项区域。

Style：选择自动边移模式，共有 7 种边移模式。

Speed：移动速度，默认值 1200。

Mils/Sec：移动速度单位，mils/s。

Pixels/ Sec：另一种移动速度单位，pixels/s。

③ Polygon Repour 选项区域。

设置系统是否自动重新放置多边形填充区。

Repour:下拉列表框中系统提供 Never、Threshold 和 Always 3 种类型。

④ Other 选项区域。

Rotation Step：设置组件旋转角度。

Undo/Redo：设置撤销/重复操作的步数。

Cursor Type：设置光标类型。

⑤ Interactive Routing 选项区域。

Mode 用于设定设置交互式布线模式，包括 3 个选项。其中：Ignore Obstacle：忽略障碍物走线；Avoid Obstacle：躲避障碍物走线；Push Obstacle：推开障碍物走线；Plow Through Polygon：允许在敷铜区域内布线；Automatically Remove Loop：设置自动删除环路。

⑥ Componenet Drag 选项区域。

Mode None：拖动元件时不拖动铜膜线。

Connected TracksL：拖动导线时连铜膜线一起拖动。

（2）Display 选项卡。Display 选项卡用于设置屏幕显示模式，单击"Display"标签即可进入 Display 选项卡，如图 7.7 所示。Display 选项卡中的选项区域如下：

① Display options 选项区域。

Convert Special Strings：显示特殊文字代表的内容。

Highlight in Full：设置高亮的状态。

Use Net Color For Highlight：选中的网络将以该网络所设置的颜色来显示。

Redraw Layers：切换板层时，使当前板层位于最上层。

Single Layer Mode：只显示当前层。

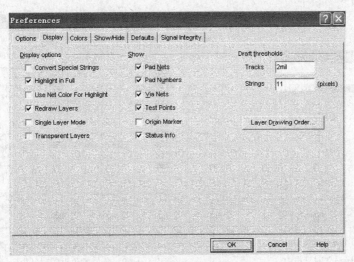

图 7.7　Display 标签页面

Transparent Layers：所有层都透明显示。

② Show 选项区域。

Pad Nets：显示焊盘的网络名称。

Pad Numbers：显示焊盘序号。

Via Nets：显示过孔的网络名称。

Test Points：显示测试点。

Origin Marker：显示原点标记。

Status Info：显示状态信息。

③ Draft thresholds 选项区域。

Draft threshold 选项区域用于设置模式切换的范围。

Tracks：设置铜膜线宽度临界值，默认值 2mils。

Strings：设置字符串长度临界值，默认值 11pixels。

④ Layer Drawing Order 按钮。

Layer Drawing Order 按钮的功能是设定板层顺序，单击"Layer Drawing Order"按钮，弹出 Layer Drawing Order 对话框，如图 7.8 所示。

Promote 按钮将选中的板层上移，Demotes 按钮将选中的板层下移，Default 按钮恢复默认的板层显示顺序。

（3）Colors 选项卡。Colors 选项卡主要用来调整各版层和系统对象的显示颜色。单击"Colors"标签即可进入 Colors 选项卡，如图 7.9 所示。

① Signal Layers 选项区域用于设置信号层颜色。

② Internal Planes 选项区域用于设置内层颜色。

③ Mechanical Layers 选项区域用于机械指示层颜色设置。

④ Masks 选项区域用于设置阻焊层和锡膏层颜色。

⑤ Silkscreen 选项区域用于设置丝网层颜色。

图 7.8　板层顺序设置对话框

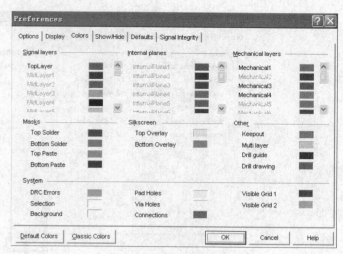

图 7.9　各层颜色设置对话框

⑥ Other 选项区域用于设置禁止层、穿透层和钻孔层颜色。

⑦ System 选项区域用于系统控制颜色设置。

设置板层颜色时，单击板层右边的颜色块既可打开 Colors 对话框。如图 7.10 所示。

（4）Show/Hide 选项卡。单击"Show/Hide"标签，可打开图 7.11 所示的 Show/Hide 设置对话框，设置各对象的显示模式，对话框中每一项都有相同的 3 种模式，其中 Final 为精细显示模式，Draft 为简易显示模式，Hidden 为隐藏模式。

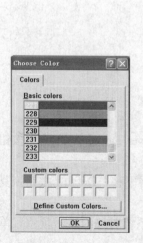

图 7.10　Colors 对话框

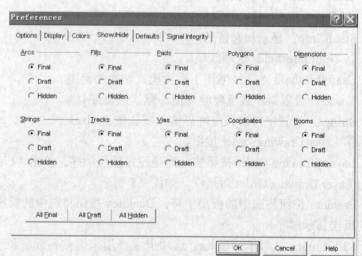

图 7.11　Show/Hide 设置对话框

（5）Defaults 选项卡。单击"Defaults"标签，可打开图 7.12 所示的 Defaults 设置对话框。

Defaults 选项卡主要用来设置各电路板组件如 Arc（圆弧）、Component（元件封装）、Coordinate（坐标）、Dinension（尺寸）、Fill（金属填充）、Pad（焊点）、Polygon（敷铜）、String（字符串）、Track（铜膜导线）和 Via（导孔）的系统默认值。

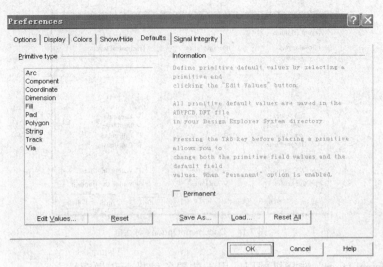

图 7.12　Defaults 对话框

（6）Signal Integrity 选项卡。Signal Integrity 选项卡如图 7.13 所示。主要用来设置各类元件的编号前缀，以方便进行信号完整性分析，详细介绍请参阅有关资料。

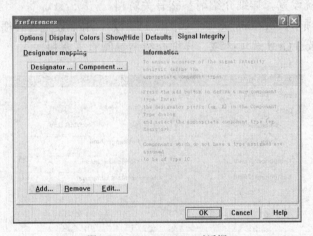

图 7.13　Signal Integrity 对话框

2. 图面属性设置

Document Options（图面属性）对话框用于选择电路板板层和设置格点。

选择"Design"→"Options"命令后出现图 7.14 所示对话框，Document Options 对话框中有 Layers 和 Options 两个选项卡。

（1）Layers 选项卡。Layers 选项卡用于设定显示电路板层。

① Signal Layers：用于选择信号层，包括顶层（Top）、底层（Bottom）和 30 个中间层（Midlayer）。

② Internal Plane：选择内部板层，用于布放电源和地线。

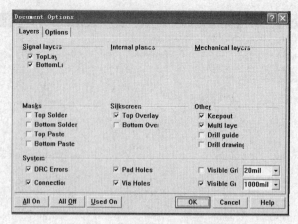

图 7.14 Document Options 对话框

③ Mechanical layer：选择机械层，用于放置各种批示和说明性文字。

④ Masks：掩膜层。包括 Solder Mask（防焊板层）、和 Paster Mask（锡膏层）。

⑤ Silkscreen：丝网层。主要用于绘制元件外形轮廓和标识元件序号等。

⑥ Other：其他设置。详细介绍请参阅有关资料。

⑦ System：系统设置。详细介绍请参阅有关资料。

（2）Options 选项卡。Options 选项卡如图 7.15 所示，用于设置各种栅格尺寸及测量单位，提供 Grids 和 Electrical Grid 选项区域。详细介绍请参阅有关资料。

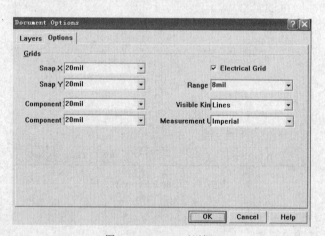

图 7.15 Options 对话框

7.2.3 印制电路板库操作

1. 创建 PCB 文件

在一打开的设计数据库文件*.ddb 中，选择 File|New 命令，会弹出一个 New Document 对话框，单击"Document"标签后，出现图 7.16 所示对话框。单击其中的"PCB Document"

图标，即可创建一个新的 PCB 图文件，如图 7.17 所示。

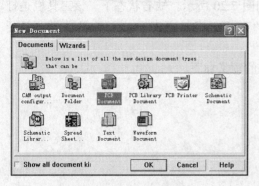

图 7.16　New Document 对话框

图 7.17　创建新的 PCB 文件

2. PCB 文件中的库操作

启动 Protel 99SE，进入 PCB 文档。选择设计管理器中的 Browse PCB 选项卡如图 7.18 所示。

在选项卡中选择"Libraries"选项，进行元件库的加载。单击"Browse"选项区域中的 Add/Remove 对话框，如图 7.19 所示。具体操作方法与原理图库操作方法基本相同，这里不再介绍。

图 7.18　设计管理器中的 Browse PCB 选项卡

图 7.19　元件加载对话框

3. PCB 放置工具栏简介

PCB 设计界面中所显示的 PCB 放置工具栏如图 7.20 所示。缺省状态下，该工具栏是打开的，如果没有打开可执行菜单命令 "View" → "Toolbars" → "Placemenr Tools" 即可打开放置工具栏。

该工具栏共有 18 个工具，各工具图形所对应的意义如下。

⌐ᵗ 放置交互式导线 Interactive Routing。

⋛ 当前文档放置导线 Line。

◉ 放置焊盘 Pad。

ᛉ 放置过孔 Via。

T 放置字符串 String。

₊¹⁰·¹⁰ 放置坐标 Coordinate。

⟋ 放置两点间的尺寸标注 Dimension。

⊗ 放置坐标原点 Origin。

▨ 放置矩形区域 Room。

▮▮ 放置元件封装 Component。

◠ 绘制边缘弧；◉ 绘制中心弧；⌓ 绘制任意角度弧；⊙ 绘制整圆。

▨ 放置矩形填充区域 Fill。

◺ 放置多边形填充 Polygon Plane。

▤ 放置内部电源和接地层 Split Plane。

▦ 特殊粘贴（阵列）剪贴板中内容 Paste Special。

（1）放置焊盘。选择工具栏中◉图标，鼠标变为十字形并"粘连"一个焊盘，单击鼠标左键放置焊盘后进行属性设置，如图 7.21 所示。电路板文件中常见焊盘形态如图 7.22 所示。

图 7.20　放置工具栏

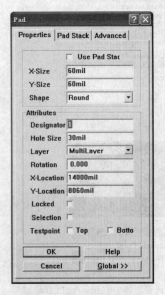

图 7.21　焊盘属性对话框

（2）放置过孔。选择工具栏中🔧图标，鼠标变为十字形并"粘连"一个过孔，单击鼠标左键放置过孔后进行属性设置，如图 7.23 所示。常见过孔类型有过孔、盲孔和埋孔。

图 7.22　不同形态的焊盘　　　　　　　　　　图 7.23　过孔属性对话框

（3）放置字符串。选择工具栏中 **T** 图标或执行"Place"→"String"命令，进行放置字符串的操作并可以进行属性设置。图 7.24 所示字符串为某一电路的文字说明。

（4）放置坐标位置。选择工具栏中 +¹⁰'¹⁰ 图标或执行"Place"→"Coordinate"命令，进行坐标操作并可以进行属性设置，方法同上。图 7.25 所示为设置好的坐标。

（5）放置尺寸标注。选择工具栏中✒图标或执行"Place"→"Dimension"命令，进行尺寸标注操作并可以进行属性设置，图 7.26 所示为放置的尺寸标注。尺寸标注不具备电气特性，它主要是为制板方便标出的尺寸大小，放置尺寸时，两点间距由程序自动计算。

String。　　　　　.100,-1180 〈mil〉　　　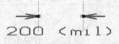

图 7.24　放置的字符串　　　　　图 7.25　放置的坐标　　　　　图 7.26　放置的尺寸标注

（6）放置矩形金属填充块。选择工具栏中▨图标或执行"Place"→"Fill"命令，进行矩形金属填充块操作并可以进行属性设置，矩形填充用于设置电路板中大面积的电源或地线区域，以提高系统的抗干扰能力。

（7）放置元件封装。选择工具栏中图图标或执行"Place"→"Component"命令进行元件封装放置操作并可以进行属性设置。

在设计管理器中元件封装管理功能的使用中首先要将元件封装库加入到 PCB 管理器中，

再在相应的元件封装库中选择需要的封装后放置到编辑区，如图 7.27 所示。

（8）放置圆弧导线。选择工具栏中 等图标进行圆弧操作，可以进行中心弧、边缘弧、任意角度圆弧和整圆弧的操作。

（9）放置多边形金属填充。选择工具栏中 图标，进行多边形金属填充操作并可以进行属性设置，如图 7.28 所示。

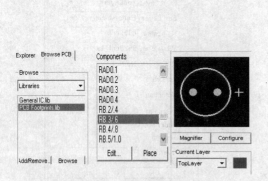

图 7.27　用管理器放置元件封装

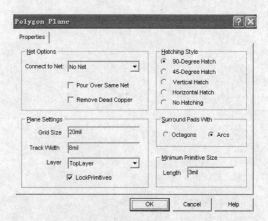

图 7.28　属性对话框

（10）设置泪滴。泪滴是指导线与焊盘或过孔的连接处逐步加大形成泪滴状，使其连接更牢固，防止在钻孔时候的冲击而使接触处断裂。

执行"Tools"→"Teardrops"命令进行放置泪滴操作，并可按照图 7.29 所示进行属性设置。

设置泪滴的操作如图 7.30 所示。

图 7.29　放置泪滴属性对话框

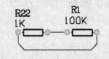
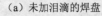
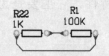

（a）未加泪滴的焊盘　　　　（b）增加泪滴的焊盘

图 7.30　增加泪滴的操作

（11）放置屏蔽导线。屏蔽导线是为了防止相互干扰而将某些导线用接地线包住，如图 7.31 所示。具体操作请参阅有关资料。

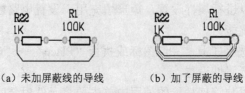

（a）未加屏蔽线的导线　　　　（b）加了屏蔽的导线

图 7.31　增加屏蔽导线的操作

7.2.4　PCB 库文件中的库操作

1. 启动元件封装编辑器

启动元件封装编辑器的操作方法如下。

（1）选择"File"→"New"命令，会弹出一个对话框，双击其中的元件封装编辑器图表，即可启动元件封装编辑器，如图 7.32 所示。

（2）选择 PCB Library Document 文件后，单击"OK"按钮，新 PCBLib 文件将出现在文件夹中。

PCBLib 编辑界面与 PCB 界面非常类似，各部分功能也基本相同，这里不再详细介绍。

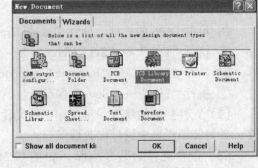

图 7.32　启动元件封装编辑器

2. 创建新的元件封装

创建新的元件封装可以有两种方法：第一种方法：手工创建新的元件封装。第二种方法：利用向导创建新的元件封装。

方法一：手工创建新的元件封装。

启动"File"→"New"命令，选择 PCB Library Document 图标进入元件封装编辑窗口，生成一个元件封装文件 PCBLLIB1.PCB，如图 7.33 所示。

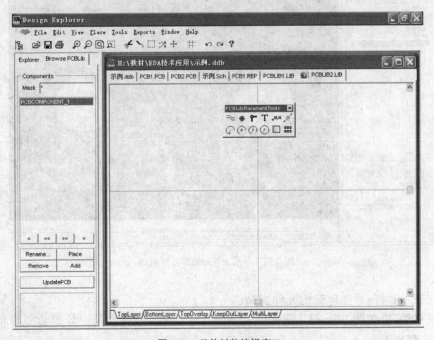

图 7.33　元件封装编辑窗口

（1）设计元件封装。如图 7.34 所示，以 DIP6 为例介绍元件封装设计过程。

① 确定元器件焊盘直径、焊盘间距及两排焊盘间距。DIP6 是标准双列直插式元件封装，其焊盘直径 50mil，焊盘间距 100mil，两排焊盘间距 300mil。

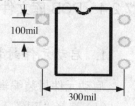

图 7.34　元件封装示例

② 环境参数设置。

③ 放置焊盘，并按 DIP6 的参数设置其属性。依次以 100mil 为间距对称放置其他焊盘并将 1 号焊盘设置为矩形，且两排间距为 300mil。

④ 绘制 DIP6 的外框，分别 Track、Trc 放置连线，线宽均设置为 10mil。

⑤ 执行"Edit"→"Set Reference"→"Pin1"命令，将元件参考点设置在 1 号管脚。

⑥ 执行"Tools"→"Rename Component"命令，将元件名更改为 DIP6。

⑦ 执行"File"→"Save"保存元件。

（2）元件封装的修改。对于存在的元件封装可对其进修改，操作方法是打开元件封装，在元件封装编辑器中进行修改后保存。

（3）制作元件封装专用库。如图 7.35 所示，一个电路板图的设计完成后，选择 Design|Make Library 命令可以将该电路板图中所有元件封装收集起来，制作一个元件库，便于在其他电路板图的设计中使用。

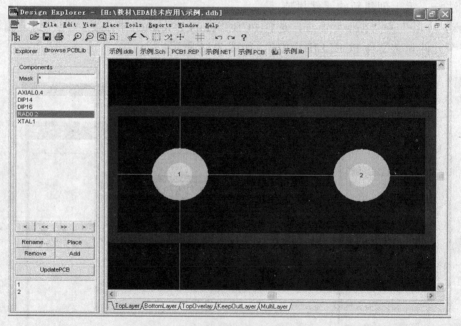

图 7.35　专用元件封装库显示窗口

方法二：利用向导创建新的元件封装。

Protel 99SE 提供的 Wizard（元件封装创建向导）使得创建新的元件封装变得非常方便，具体操作步骤如下。

（1）在设计数据库的环境中启动"Tools"→"New Component"命令，出现如图 7.36 所示的"Welcome to PCB Board Wizard"（创建新元件封装向导）。

（2）单击"Next"按钮进入下一步，出现选择 PCB 类型对话框，如图 7.37 所示。例如根据需要选择与 QUAD PCB 元件相同的类型。

图 7.36　元件封装生成向导

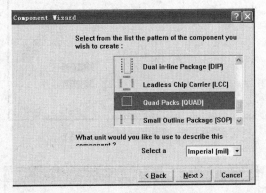

图 7.37　选择电路板类型

（3）单击"Next"按钮进入向导下一步，出现图 7.38 所示的元件管脚设置选项对话框。这里将元件管脚设置为 34mil 和 108mil。

（4）选定后单击"Next"按钮，出现图 7.39 所示的元件焊盘形状选择对话框。这里将右上角第一个焊盘选择为 Rectanglar（方形），其他的选择为 Rounded（圆形）。

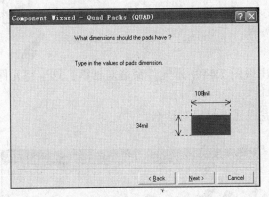

图 7.38　元件管脚设置

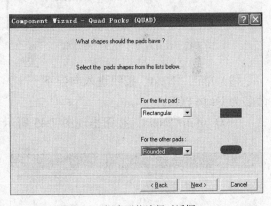

图 7.39　焊盘形状选择对话框

（5）单击"Next"按钮进入向导下一步，出现元件边框线宽对话框如图 7.40 所示，这里设置元件边框线宽为 7.2mil。

（6）单击"Next"按钮出现图 7.41 所示设置焊盘间距对话框。这里设置焊盘间距为 132mil 和 64mil。

（7）单击"Next"按钮进入向导下一步，出现图 7.42 所示焊盘序号方向选择对话框。这里选择右上角的第一个焊盘为起始点。

（8）单击"Next"按钮出现图 7.43 所示焊盘数量选择对话框。这里设置焊盘数量为 8。

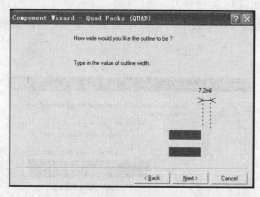

图 7.40　设置元件边框线宽对话框

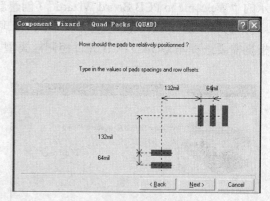

图 7.41　设置焊盘间距对话框

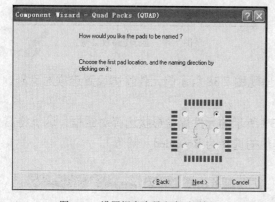

图 7.42　设置焊盘序号方向对话框

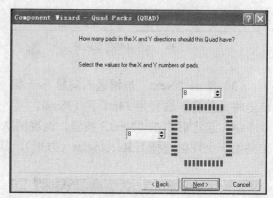

图 7.43　选择电路板工作层数目

（9）单击"Next"按钮进入向导下一步，出现图 7.44 所示元件命名对话框。这里将元件命名为 Quad PCB。

（10）单击"Next"按钮出现图 7.45 所示完成元件编辑对话框。

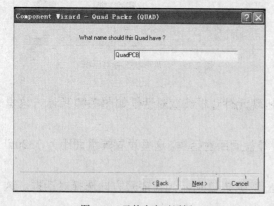

图 7.44　元件命名对话框

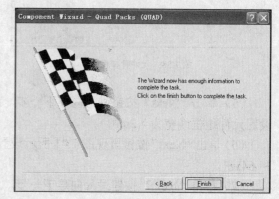

图 7.45　完成元件编辑对话框

（11）单击"Finish"按钮出现图 7.46 所示的新建元件。

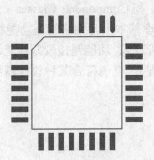

图 7.46　新建元件形状

7.2.5　PCB 设计管理器

电路板设计管理器包含文档管理器和电路板浏览器。

1. 文档管理器

文档管理器与电路原理图的文档管理器功能一致，请参阅前面的内容。

2. 电路板浏览器

如图 7.47 所示，Browse 下 ▼ 按钮包括 Nets、components、Library、Net Classes、Component Classes、Violations 和 Ruls 选项。

上述选项的意义如下。

（1）Nets（网络管理）。Edit 按钮编辑网络名称和颜色等，Zoom 按钮确定网络显示的比例，Select 按钮将网络反相显示。Nodes 区域用于选择该网络上的焊盘，各选项功能是对焊盘进行属性编辑。

（2）Components（元件管理）。各个功能按钮的功能与网络管理类似，分别用于选择元件、编辑元件封装、设置放大比例和元件反相显示。

（3）Libraries（元件封装库管理）。如图 7.48 所示。Add/Remove 按钮用于向管理器中添加或移去元件封装库，Edit 按钮用于进入元件封装编辑器编辑元件的封装图形，Place 按钮用于将选择的元件封装放置到电路板图中，其余与前面类似。

图 7.47　电路板浏览器窗口

图 7.48　电路板管理器窗口

Net Classes（网络分类管理）和 Components Classes（元件分类管理）

网络分类管理与元件分类管理基本上与网络管理功能相似。

（4）Violation　（错误检查管理）。功能是按规则检查连线中的错误。

（5）Rule（规则符合查询管理）。查询符合某种设计规则的网络、过孔、焊盘和线径等各种图形。

7.3　电路板设计步骤

建立电路板图的步骤如下。

（1）新建设计数据库，完成电路原理图的设计并生成网络表。

（2）以向导方式新建电路板图文件。

（3）规划电路板。

（4）调用网络表。

（5）自动布局，手工调整。

（6）自动布线，手工调整。

（7）按设计规则检查及产生报表。

（8）电路板图的后处理。

7.3.1　网络表的调入与编辑

网络表文件包括原理图中所有元件和封装形式，加载网络表的具体操作如下。

（1）选择"Design"→"Netlist"命令，出现图 7.49 所示的对话框。

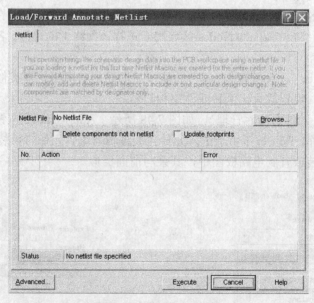

图 7.49　加载网络表对话框

如图 7.50 所示，通过 Browse 按钮选择网络表文件，系统加载指定的网络表并生成相应的网络宏，正确的网络宏如图 7.51 所示。

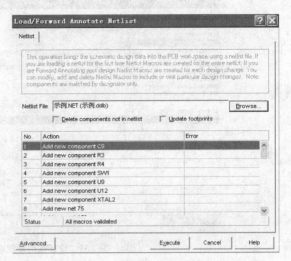

图 7.50　选择网络对话框　　　　　　　　图 7.51　加载网络表后的对话框

（2）若网络宏加载出现错误时需要进行编辑修改，常见的错误和警告如下。

① "Error：Footprint xxx not found in Library"：封装 xxx 没有找到，单击 "Cancel" 按钮回到电路原理图中重新指定元件封装形式。

② "Warning：Alternative footprint xxx"：封装 xxx 管脚悬空，如果电路原理图没用到该管脚，可忽略该警告进行下一步操作，否则应在电路原理图中检查、修改该管脚上的连线，重新生成网络表，并进行加载网络表的操作。

③ "Error：Component not found"：没有发现元件封装，需要修改原理图，重新生成网络表，并进行加载网络表的操作。

当加载网络表没有出现错误信息，单击 "Execute" 按钮后系统将网络表列出的所有元件放置到布局范围中，如图 7.52 所示。

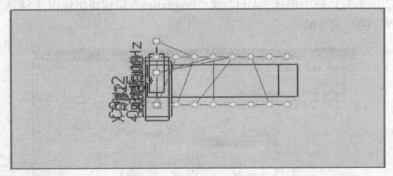

图 7.52　加载元件

7.3.2　设计规则设置

电路板的自动布线是根据系统的设计规则来进行的，而设计规则是否合理将直接影响到布线质量和成功率。在加载网络表后，通常进行设计规则设置。选择 "Design" → "Rule" 命令后出现如图 7.53 所示对话框。

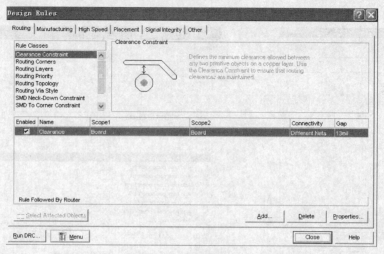

图 7.53　设计规则设置对话框

在设计规则设置对话框中包括 Routing、Manufacturing、High Speed、Placement、Signal Integrity 和 Other6 个选项卡，在每个选项卡中都包括 3 个选项区域。

每个设计规则中都有其适用范围，使用者可根据电路板设计要求而定。现以 Routling（布线规则）选项卡为例介绍设置过程，其余选项卡的设置请参阅有关资料。

Routling 选项卡的功能主要是设置走线规则。

1．设置安全间距

安全间距是布线板层中的导线、导控、焊盘、矩形金属填充等组件相互间的安全间距，在对话框的下方区域中，显示安全间距设计规则中包含 Scope1（范围 1）、Scope2（范围 2）：规则适用，默认范围为 Board。Connectivity：连接属性，默认为 Different Net Only。Gap：安全间距，默认为 20mil。单击"Delete"按钮，删除所选条目；单击"Add"按钮，添加新规则。

在图 7.52 所示对话框中选择"Add"或"Properties"按钮将出现图 7.54 所示对话框，按照提示的内容可进行属性编辑。

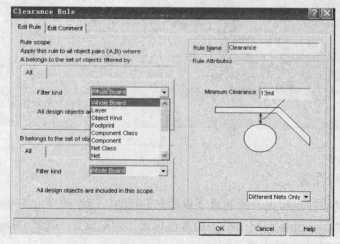

图 7.54　设置安全间距对话框

2. 设置走线转角方式

该项规则用于设定导线转角方式。在图 7.53 所示对话框中，选择"Routing Corners"选项，单击"Add"按钮，添加新规则，会弹出图 7.55 所示转角规则设置对话框，按照提示的内容进行规则设置。

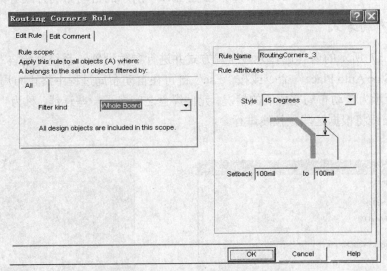

图 7.55　设置导线转角方式规则对话框

3. 设置布线工作层

该项规则用于设置布线工作层。选择此规则后，单击"Add"按钮，添加新规则，会弹出图 7.56 所示的设置布线工作层对话框。按照对话框提示的内容进行走线层次和走线方向的设置。

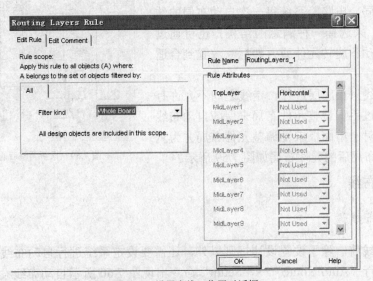

图 7.56　设置布线工作层对话框

7.3.3　元件的自动布局

设置设计规则之后，进行元件的自动布局操作，操作如下。

1.　自动布局设置

选择"Tools"→"Auto Place"命令，出现图 7.57 所示的自动布局方式对话框。

2.　选择布局方式

按照图 7.57 所示的内容选择元件布局方式并进行参数设置，系统开始自动布局。选择"Tools"→"Stop Auto Place"命令或按"Esc"键可在自动布局过程中终止布局。

图 7.58 所示为自动布局完成后的情况，元件焊盘之间多了一些连线，称为"飞线"或"预拉线"，自动布线将根据这些预拉线进行。

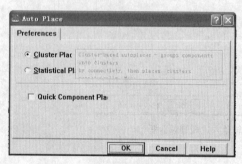

图 7.57　选择自动布局方式对话框

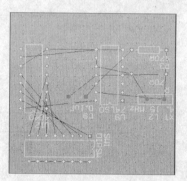

图 7.58　自动布局后的元件布局

3.　手工调整布局

如果自动布局结果不理想，可再进行几次自动布局（即使是同一电路，系统每一次自动布局的结果也是不同。）来选择一种满意的结果；也可通过手工调整，拖动和旋转元件或元件标注放置到合适的位置。

单面板布线只在底层进行，走线之间不允许有交叉，必须通过手工调整元件布局来保障自动布线的成功，因此对于单面板来说调整元件布局尤为重要。手工调整布局后的元件布局如图 7.59 所示。

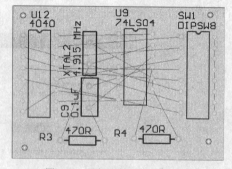

图 7.59　重新调整后的元件布局

7.3.4　自动布线

1.　自动布线设置

在自动布线前，除了设置设计规则以外，还需要设定系统进行自动布线设置。元件布局完成后，执行"Auto Route"→"Setup"命令出现图 7.60 所示自动布线设置对话框，各项参数含义如下。

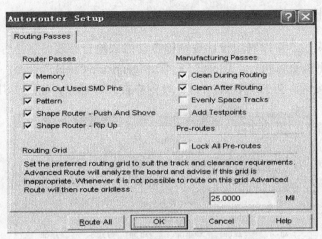

图 7.60　自动布线设置

（1）Router Passes 选项区域。

Memory：适用于存储器类元器件的布线。

Fan Out Used SMD Pins：适用于 SMD 焊盘类的布线。

Pattern：布线模式。

Shape Router-Push And Shove：推挤式布线。

Shape Router-Rip Up：拆线式布线。

（2）Manufacturing Passes 选项区域。

Clean During Routing：在布线期间清除过孔。

Clean After Routing：在布线完毕后清除过孔。

Evenly Space Tracks：在焊盘之间均匀布线。

Add Testpoints：在网络上增加测试点。

2.　自动布线

在 Auto Route 菜单下，分别有 All、Net、Connection、Component 和 Area 5 种自动布线方式，功能如下。

（1）All：对整个电路板进行自动布线。

（2）Net：对指定网络进行自动布线。

（3）Cpmmection：对指定飞线所连的两个焊盘之间的自动布线。

（4）Component：对指定元件的所有焊盘连接的飞线进行自动布线。

（5）Area：对指定区域自动布线。

3.　清除布线

当设计者对自动布线结果不满意时，可选择"Tools"→"Un-Route"命令进行清除布线的操作，该项操作是自动布线的逆操作。

4. 设计规则检查

在自动布线结束后，可以利用设计规则检查功能来检查布线结果是否满足所设定得不限要求。进行设计规则检查可执行 "Tools" → "Desigen Rule Check" 命令，或在规则对话框中单击 "Run DRC" 按钮，会出现 DRC（设计规则检查）对话框，如图 7.61 所示。

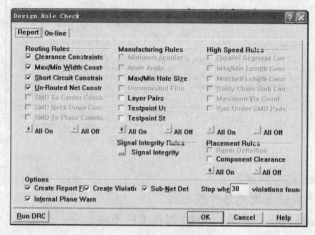

图 7.61　设计规则检查对话框

Desigen Rule Check（设计规则监察）对话框中包括 Report 和 On-Line 两个选项卡，Report 选项卡用于设置以报表方式生成检查结果的各个选项；On-Line 选项卡用于设置在线检查设计规则。详细介绍请参阅有关资料。

7.3.5　报表的生成与 PCB 文件的打印

1. 报表的生成

Protel 99SE 的 PCB 设计系统提供了生成各种报表的功能。在 Reports 菜单中，共有 Selected Pins（选择引脚报表）、Board Information（电路板信息报表）、Design Hierarchy（设计层次报表）、Netlist Status（网络状态报表）、Singnal Integrity（信号分析报表）、Measure Distance（距离测量报表）、Measure Priitives（对象距离测量报表）7 个选项。另外还有 CAM 数据报表，如 NC 钻孔报表、元件报表和插件报表等。

（1）生成选择引脚报表。选择 "Reports" → "Selected Pins" 命令建立选择引脚的文件并执行，屏幕将显示所有被选择的引脚，并输出选择引脚文件（*.dmp）。

（2）生成电路板信息报表

选择 "Reports" → "Board Information" 命令输出电路板信息并生成报告文件，如图 7.62 所示。

单击 "Report" 按钮后出现图 7.63 所示窗口，然后单击 "Report" 按钮形成报告文件（*.rep），如图 7.64 所示。

（3）生成元件报表

① 选择 "File" → "CAM Manager" 命令，进入 CAM 管理器向导窗口，如图 7.65 所示。

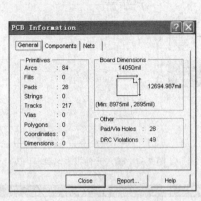

图 7.62　电路板信息对话框

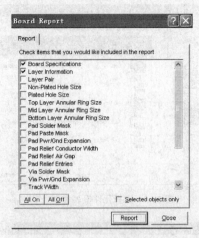

图 7.63　选择报告内容的窗口

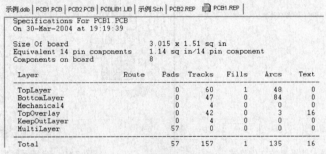

图 7.64　电路板信息报告文件

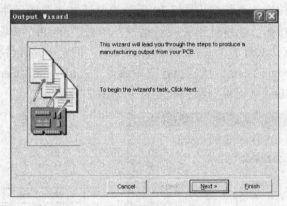

图 7.65　输出向导对话框

② 单击"Next"按钮，系统弹出图 7.66 所示对话框，选择需要生成的文件类型，这里选择选择输出文件类型中的 BOM。

③ 单击"Next"按钮，系统弹出图 7.67 所示的对话框，输入将产生的元件报表名称。

④ 单击"Next"按钮，系统弹出图 7.68 所示的对话框，选择元件报表的文件格式如 Spreadsheet。

⑤ 单击"Next"按钮，系统弹出图 7.69 所示的对话框，选择元件表的列表形式，如 List（元件列表）或 Group（元件分组列表）。这里选择 List。

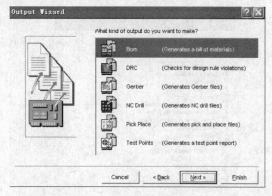

图 7.66 选择元件报表类型

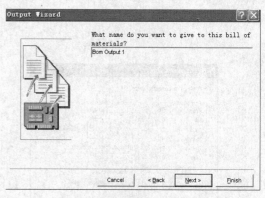

图 7.67 输入元件报表名称

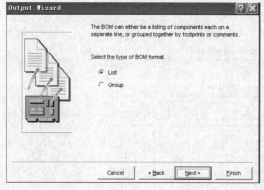

图 7.68 选择元件报表的文件格式

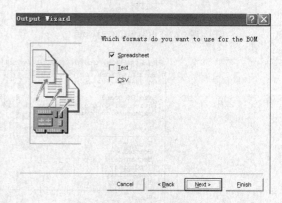

图 7.69 选择元件列表形式

⑥ 单击"Next"按钮，系统弹出图 7.70 所示的对话框，选择元件的排序依据。

⑦ 单击"Next"按钮，系统弹出完成对话框，单击"Finish"按钮完成。此时系统生成辅助制造管理文件，默认文件名为 CAMManager2.cam，但它不是元件报表文件。

⑧ 进入 CAMManager2.cam，然后执行菜单命令"Tools"→"Generate CAM files"，系统将产生 BOM for scb.bom（元件分组列表文件）如图 7.71 所示。

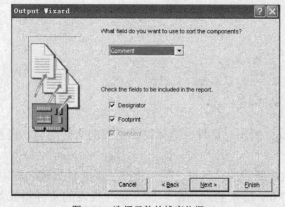

图 7.70 选择元件的排序依据

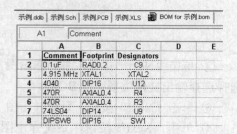

图 7.71 元件报表

（4）生成钻孔文件报表

制作电路板的过程需要钻孔文件（列出印制板中所有焊盘和过孔的属性），将文件送入数控钻孔机后根据文件信息进行钻孔操作。建立钻孔文件的方法与元件报表文件的建立类似，在生成钻孔文件的同时还建立钻孔文件报告（*.Drr），如图 7.72 所示。

```
==================================================================
NCDrill File Report For: 示例.PCB   1-Apr-2004   21:05:23
==================================================================

Layer Pair : TopLayer to BottomLayer
ASCII File  : NCDrillOutput.TXT
EIA File    : NCDrillOutput.DRL

Tool      Hole Size            Hole Count Plated      Tool Travel
------------------------------------------------------------------
T1        32mil (0.8128mm)         50               9.71 Inch (246.70 mm
T2        28mil (0.7112mm)          8               6.86 Inch (174.21 mm
------------------------------------------------------------------
Totals                             58              16.57 Inch (420.91 m

Total Processing Time : 00:00:01
```

图 7.72　钻孔报告文件

2. 文件保存与输出

对完成的电路板图可以保存或打印输出。打印电路板图之前先要对打印机进行设置，包括打印机的类型、纸张的大小、电路图纸的设置等内容，然后再打印输出。具体步骤如下：

（1）打印机的设置。

① 打开要打印的 PCB 文件。

② 执行菜单命令"File"→"Printer/Preview"。

③ 命令执行后，系统生成 Preview。

④ 进入 Preview 文件，然后执行菜单命令"File"→"Setup Printer"，系统弹出图 7.73 所示的对话框。在 Printer 下拉列表框中，可以设置打印机的类型。

⑤ 设置完毕后，单击"OK"按钮，完成打印机设置。

（2）设置打印模式。系统提供了一些常用的打印模式。可以从 Tools 菜单中选取，如图 7.74 所示。从上到下依次为分层打印；叠层打印；打印电源/接地层；打印阻焊层与驻焊层；打印钻孔层；打印与 PCB 顶层和底层相关层；打印 Drill Guide、Drill Drawing、Keep-Out、Mechanical 这几个层的组合。

（3）打印输出。设置好打印机，确定打印模式后，执行主菜单"File"→"Print"，此时有 4 项打印命令。

● Prant\All　打印所有图形。

● Prant\Job　打印操作对象。

● Prant\Page　打印由键盘所指定的页面。

● Prant\Current　打印当前页。

根据需要选择某一项打印方案即可。

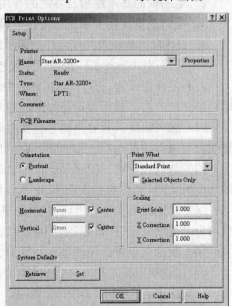

图 7.73　设置打印机的类型对话框

本章小结

印制电路板（PCB）图设计是 Protel 99SE 的一个重要组成部分。印制电路板图的设计一般经过绘制电路原理图、生成网络表、元件封装制作、规划电路板、自动布局、自动布线、手工调整等过程。

在装载网络表文件时，原理图、网络表和电路板图的元件之间必须一致，只有正确的匹配才能完成电路板图的后续操作。

在掌握电路板图的设计流程和基本知识后，手工设计电路板图使电路板图的设计更加实用和灵活。

Protel 99SE 提供了自动布局功能和自动布线功能。通常正确的处理方法是：利用自动布局后手工调整布局；自动布线后手工调整布线。

Protel 99SE 提供的元件封装并不全面，特别是许多新元件的不断出现，需要使用者掌握元件封装设计的知识。

电路板图的设计结束后，根据需要还可以进行 PCB 图的后处理工作，如覆铜、补泪滴、规则检查、输出各种报表文件等。

思考题与习题

1. 简述电路板图设计流程及各步骤的作用。

2. 电路板的基本结构及各层的作用是什么？

3. 电路板设计前有哪些环境参数需要设置？

4. 试说明元件原理图和元件封装图之间、元件原理图管脚和元件封装图焊盘之间的关系。

5. 新建 XUE.pcb 文件按照以下要求完成操作。

（1）工作层设置：打开 XUE.pcb 中，信号层选择顶层、地层和两层中间层，机械层选择地一层和第二层，显示顶层防焊层，显示复合层。

（2）选项设置：设置出现重叠图件时，系统不会自动删除重叠图件；设置与组件连接的导线会随组件的移动而一起伸缩；取消自动边移功能。

（3）数值设置：设置测量单位为公制，可是栅格 1、2 分别为 0.5mm 和 50mm；设置旋转角度为 45°，操作撤销次数为 30 次；设置光标类行为 small 90。

（4）设置栅格类型为"点型"，不显示"飞线"，显示"导孔"和"焊盘孔"；设置所有对象均为"简单显示"；设置颜色为程序默认颜色。

（5）默认值设置：设置导孔直径为 5mm，孔径为 2mm，始于顶层、止于底层。

6. 试说明下列常用元件封装类型的表示的意义。

（1）DIP8、DIP14、DIP16、PGA、PLCC。

（2）AXIAL-0.3～AXIAL-1.0。

（3）RAD-0.1～RAD-0.4。

（4）DIODE-0.4、DIODE-0.7、DO-41。

（5）TO-46、TO-92、TO126、TO220。

7．新建一个 PCB 文件，装载 Header.lib、Transformer.lib、CQFP IPC.lib 3 个库文件。在 PCB 图中添加元件 MHDR1x18、TRAFO54W、CQFP-68 依次命名为 Q1、Q2 和 Q3。

8．分别用想到和手工两种方法创建图 7.74（a）所示的零件封装，各项要求如图 7.74（b）所示。

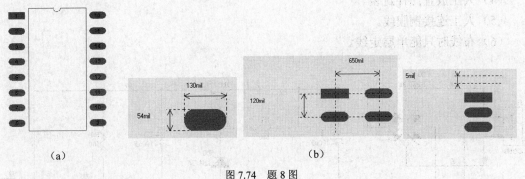

（a）　　　　　　　　　　　　　　　　　　（b）

图 7.74　题 8 图

9．在 PCB 图中放置下列对象，如图 7.75 所示。

10．试画图 7.76 所示的波形发生电路，要求：

（1）使用双面板，板框尺寸参考为 2000mil × 02500mil。

（2）采用插针式元件。

（3）镀铜过孔。

（4）焊盘之间允许走一根铜膜线。

（5）最小铜膜线走线宽度 10mil，电源地线的铜膜线宽度为 20mil。

（6）要求画出原理图、建立网络表、人工布置元件，自动布线。

图 7.75　题 9 图

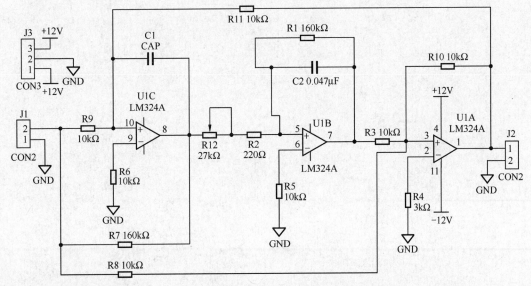

图 7.76　题 10 电路图

11. 正负电源电路如图 7.77 所示，试设计该电路的电路板。设计要求：

（1）使用单层电路板。

（2）电源地线的铜膜线宽度为 40mil。

（3）一般布线的宽度为 20mil。

（4）人工放置元件封装。

（5）人工连接铜膜线。

（6）布线时只能单层走线。

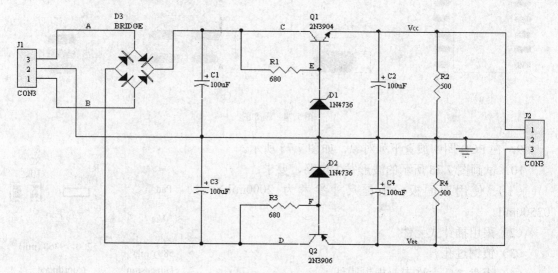

图 7.77　题 11 电路图

第8章 开发系统案例

8.1 半整数分频器的设计

8.1.1 小数分频的原理

小数分频的原理是采用脉冲扣除法和锁相环技术，先设计两个不同分频比的整数分频器，然后通过控制单位时间内两种分频比出现的不同次数来获得所需要的小数分频值。如设计一个分频系数为 6+1/3 的分频器时，可以将分频器设计成 2 次 7 分频，1 次 5 分频，这样总的分频值为：

$$F=(2\times7+1\times5)/(2+1)=6+1/3。$$

从这种实现方法的特点可以看出，由于分频器的分频值不断改变，因此分频后得到的信号抖动较大，在设计中使用已经非常少。当分频系数为 $N\text{-}0.5$（N 为整数）时，可控制扣除脉冲的时间，以使输出成为一个稳定的脉冲频率。

8.1.2 N-0.5 分频器的设计

进行 $N\text{-}0.5$ 分频一般需要对输入时钟先进行操作。首先进行模 N 的计数，在计数到 $N\text{-}1$ 时，将输出时钟赋为 1，而当回到计数 0 时，又赋为 0，这样，当计数值为 $N\text{-}1$ 时，输出时钟才为 1，因此，只要保持计数值 $N\text{-}1$ 为半个输入时钟周期，即可实现 $N\text{-}0.5$ 分频时钟。因此，保持 $N\text{-}1$ 为半个时钟周期是设计的关键。半整数分频器的原理框图如图 8.1 所示。由图中可以看出，半整数分频器由模 N 计数器、异或门和一个 2 分频器构成。在实现时，N 分频器可设计成带预置的计数器，这样可以实现任意分频系数为 $N\text{-}0.5$ 的分频器。

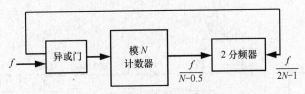

图 8.1 半整数分频器原理框图

采用 VHDL 硬件描述语言，可实现任意模 N 的计数器（其工作频率可以达到 160MHz 以上），并可生成模 N 逻辑电路。之后用原理图输入方式将模 N 逻辑电路、异或门和 2 分频器连接起来，便可实现半整数（$N\text{-}0.5$）分频器以及（$2N\text{-}1$）的分频。当异或门带控制端时，还可以通过控制端实现 N 分频器和 $2N$ 分频器。

现通过设计一个分频系数为 2.5 的分频器（N=3），给出用 MaxplusII 软件设计半整数分频器的一般方法。该 2.5 分频器由模 3 计数器、异或门和 T 触发器组成。

1. 模 3 计数器的设计

采用 VHDL 语言设计一个模 3 计数器，该计数器可产生一个分频系数为 3 的分频器，并产生一个默认的逻辑符号 COUNTER3。其输入端口为时钟脉冲信号 clk、复位信号 reset 和使能信号 en；输出端口为 qa 和 qb，其仿真波形如图 8.2 所示。

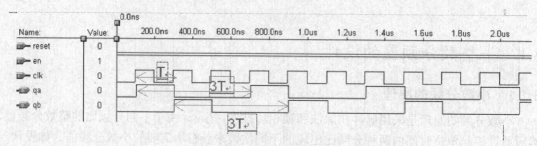

图 8.2　3 分频器仿真波形

从图 8.2 可以看出，qb 与 qa 相比，延时 1 个时钟周期，且周期为时钟脉冲 clk 周期的 3 倍，即输出频率为输入频率的 1/3。

设计中的 3 分频器占空比并不是 50%，如果要实现占空比为 50% 的 3 分频器，则可通过分频时钟下降沿触发计数，并以和上升沿同样的方法计数进行 3 分频，然后对下降沿产生的 3 分频输出和上升沿产生的 3 分频输出进行相或运算，即可得到占空比为 50% 的三分频电路。占空比为 50% 的 3 分频电路原理图和仿真波形如图 8.3 所示。

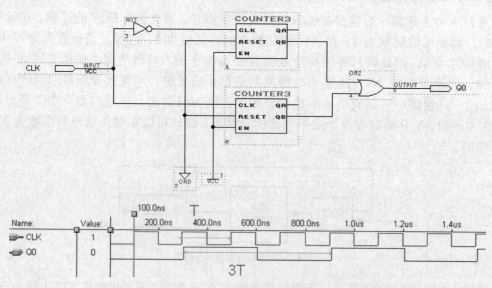

图 8.3　占空比为 50% 的 3 分频器原理图和仿真波形

2. 带使能端的异或门设计

采用 VHDL 语言设计一个带使能控制端的异或门，其输入端口为使能端 en、输入 a 和 b；输出端口为 y。当 en 为高电平时，y 输出 a 和 b 的异或值；当 en 为低电平时，y 输出信号 a。

3．2 分频器的设计

设计中用 T 触发器来完成 2 分频的功能，实现方法是：将触发器的输入信号 T 直接接高电平 1，将计数器的一个计数输出端作为 T 触发器的时钟输入端。

4．顶层电路设计

采用原理图输入方式，将 COUNTER3、异或门和 T 触发器通过图 8.4 所示的电路逻辑连接关系，然后经逻辑综合即可得到想要的仿真波形。

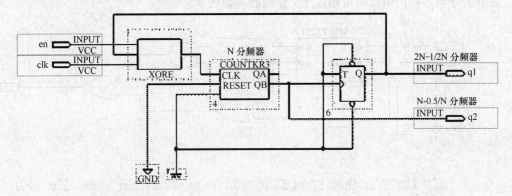

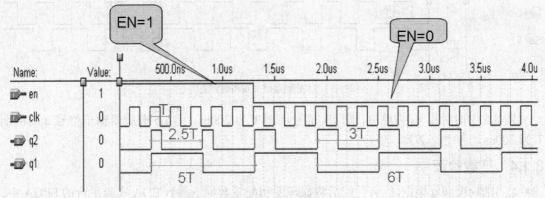

图 8.4　2.5 分频器原理图和仿真波形

由图 8.4 中 q2、q1 与 clk 的波形可以看出，当 EN=1 时，q2 会在 clk 每隔 2.5 个周期处产生一个上升沿，实现分频系数为 2.5 的分频器，q1 会在 clk 每隔 5 个周期处产生一个上升沿，实现分频系数为 5 的分频器，即实现 2.5(N-0.5)分频和 5(2N-1)分频；当 EN=0 时，q2会在 clk 每隔 3 个周期处产生一个上升沿，实现分频系数为 3 的分频器，q1 会在 clk 每隔 6个周期处产生一个上升沿，实现分频系数为 6 的分频器，即实现 3(N)分频和 6(2N)分频。

因此电路不仅可得到分频系数为 2.5（或者 3）的分频器，而且还可得到分频系数为 5（或者 6）的分频器，使用非常广泛。

8.1.3　1.5 分频器

在实际应用中经常会用到分频系数为 1.5 的分频器，采用上面的半整数分频的方法没有办法实现。根据时序分析，可列出如下的卡诺图。

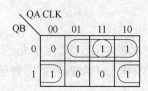

不难看出，1.5 分频器的输出 Q 为

$$Q=\overline{CLK} \cdot QB + CLK \cdot \overline{QB} + QA \cdot \overline{QB} = CLK \oplus QB + QA \cdot \overline{QB}$$

采用 3 分频器和门电路即可组成 1.5 分频器，如图 8.5 所示。

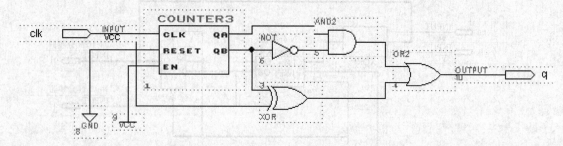

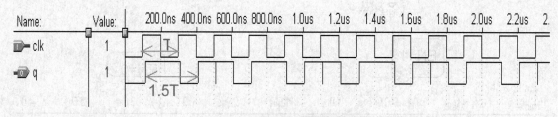

图 8.5 1.5 分频器原理图和仿真波形

图 8.5 中时钟以 ns 为单位，则 clk 信号周期 T 为 200ns，而 1.5 分频器输出信号 q 的周期 T 为 300ns，占空比 2/3。

8.1.4 下载验证

将引脚 clk 和 q 锁定，综合适配后将原理图和配置数据下载到 EDA 实验平台的 FPGA 中，观察 clk 和 q 的波形，测试结果与仿真结果一致。

采用硬件描述语言和原理图输入方式，利用 ALTERA 公司的 MaxplusII 开发软件和 ACEX1K 系列的 EP1K 系列 FPGA，方便地完成了 2.5(N–0.5)、5(2N–1)、3(N)、6(2N)和 1.5 分频器电路的设计。该分频方法原理简单，并以 EP1K30QC208-3 为目标芯片进行了仿真和测试，结果完全符合设计要求。该设计方法简单方便、节约资源、可移植性强、便于系统升级，因此，在时钟要求不太严格的系统中应用非常广泛，同时在以后的 FPGA 设计发展中也有很大的应用空间。

8.2 激光控制系统双面板的制作

8.2.1 绘制原理图

新建原理图文件，命名为激光.sch，选择图纸大小为 A3，按图 8.6 绘制原理图（绘制在一张电路图中）。

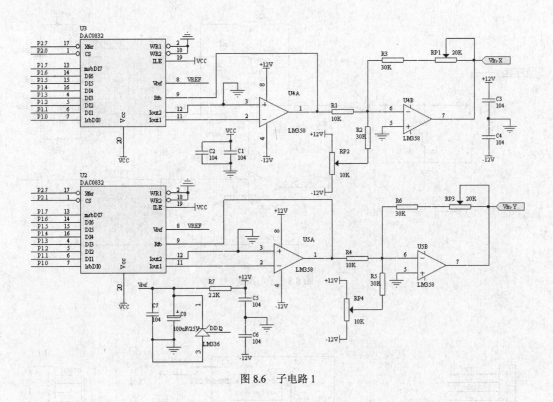

图 8.6 子电路 1

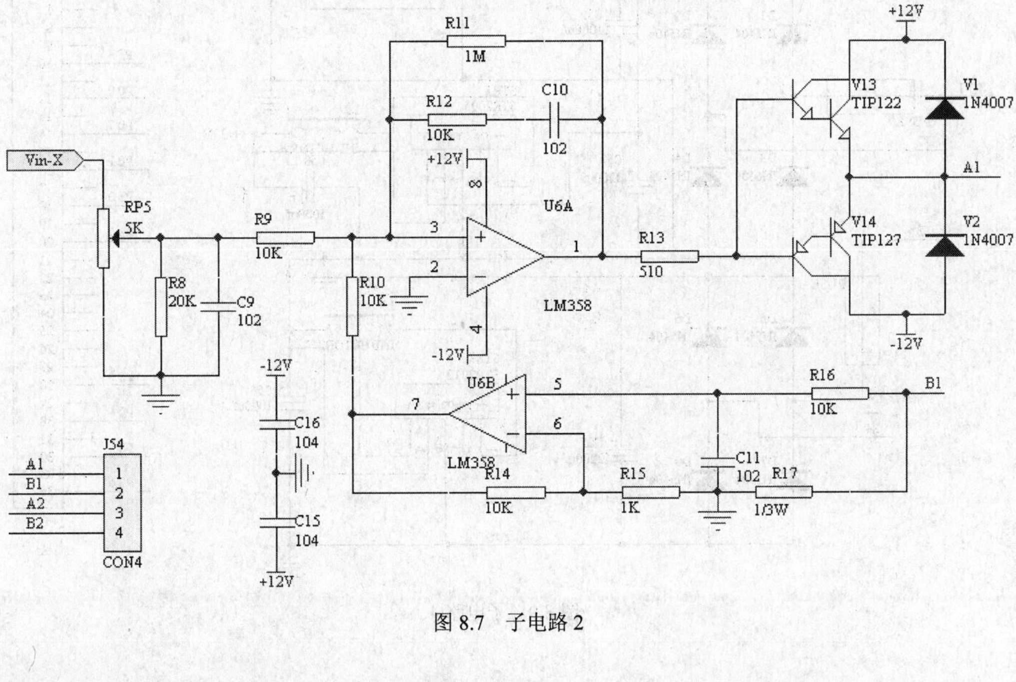

图 8.7 子电路 2

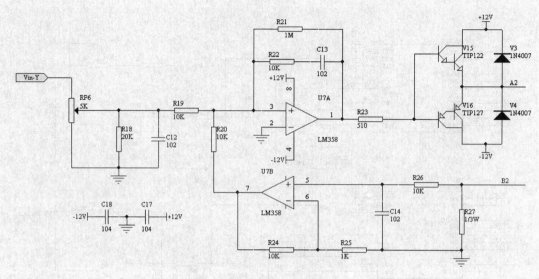

图 8.8　子电路 3

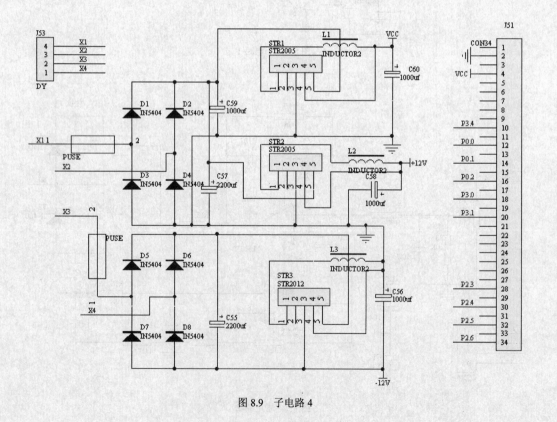

图 8.9　子电路 4

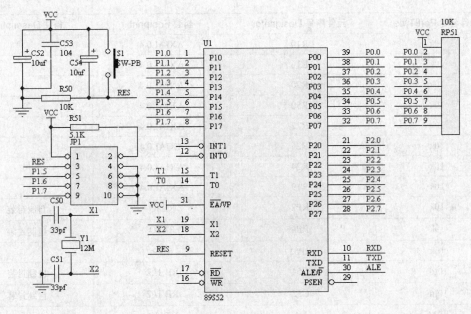

图 8.10 子电路 5

表 8.1 元件清单列表

元件名称 Part Type	元件序号 Designator	封装 Footprint	备注 Description
1/3W	R27	RESD	自制封装
1/3W	R17	RESD	自制封装
1k	R25	AXIAL0.4	
1k	R15	AXIAL0.4	
1M	R11	AXIAL0.4	
1M	R21	AXIAL0.4	
1N4007	V3	DIODE0.4	
1N4007	V4	DIODE0.4	
1N4007	V1	DIODE0.4	
1N4007	V2	DIODE0.4	
2.2k	R7	805	
5.1k	R51	AXIAL0.4	
5k	RP5	RESQ	自制封装
5k	RP6	RESQ	自制封装
10k	R1	805	
10k	R4	805	
10k	R14	AXIAL0.4	
10k	R12	AXIAL0.4	
10k	R9	AXIAL0.4	

续表

元件名称 Part Type	元件序号 Designator	封装 Footprint	备注 Description
10k	R10	AXIAL0.4	
10k	R16	AXIAL0.4	
10k	R20	AXIAL0.4	
10k	R50	AXIAL0.4	
10k	R22	AXIAL0.4	
10k	R26	AXIAL0.4	
10k	R24	AXIAL0.4	
10k	R19	AXIAL0.4	
10k	RP2	RESQ	自制封装
10k	RP4	RESQ	自制封装
10k	RP51	SIP9	
10μF	C54	RB.1/.2	自制封装
10μF	C52	RB.1/.2	自制封装
12M	Y1	XTAL1	
20k	R8	AXIAL0.4	
20k	R18	AXIAL0.4	
20k	RP3	RESQ	自制封装
20k	RP1	RESQ	自制封装
30k	R3	805	
30k	R2	805	
30k	R5	805	
30k	R6	805	
33pF	C50	RAD0.1	
33pF	C51	RAD0.1	
89S52	U1	DIP40	
100μF/25V	C8	RB.1/.2	自制封装
102	C14	RADD	自制封装
102	C12	RADD	自制封装
102	C13	RADD	自制封装
102	C11	RADD	自制封装
102	C10	RADD	自制封装
102	C9	RADD	自制封装
104	C6	0805	
104	C3	0805	
104	C4	0805	
104	C2	0805	

元件名称 Part Type	元件序号 Designator	封装 Footprint	备注 Description
104	C1	0805	
104	C5	0805	
104	C7	RADD	自制封装
104	C15	RADD	自制封装
104	C16	RADD	自制封装
104	C18	RADD	自制封装
104	C17	RADD	自制封装
104	C53	RADD	自制封装
510	R23	AXIAL0.4	
510	R13	AXIAL0.4	
1000μF	C56	RB.2/.4	
1000μF	C58	RB.2/.4	
1000μF	C60	RB.2/.4	
1000μF	C59	RB.2/.4	
2200μF	C55	RB.3/.6	
2200μF	C57	RB.3/.6	
CON4	J54	SIPP	自制封装
CON34	J51	HEAD34	自制封装
DAC0832	U2	DIP20	
DAC0832	U3	DIP20	
DY	J53	SIPP	自制封装
HEADER 5X2	JP1	HEAR	
IN5404	D3	IN5404	自制封装
IN5404	D4	IN5404	自制封装
IN5404	D7	IN5404	自制封装
IN5404	D8	IN5404	自制封装
IN5404	D5	IN5404	自制封装
IN5404	D6	IN5404	自制封装
IN5404	D1	IN5404	自制封装
IN5404	D2	IN5404	自制封装
INDUCTOR2	L2	L	自制封装
INDUCTOR2	L3	L	自制封装
INDUCTOR2	L1	L	自制封装
LM336	DD1	TO-220	
LM358	U6	DIP8	

元件名称 Part Type	元件序号 Designator	封装 Footprint	备注 Description
LM358	U7	DIP8	
LM358	U5	SO-8	
LM358	U4	SO-8	
PUSE	PUSE1	PUSE	自制封装
PUSE	PUSE2	PUSE	自制封装
STR2005	STR2	STR	自制封装
STR2005	STR1	STR	自制封装
STR2012	STR3	STR	自制封装
SW-PB	S1	SW	自制封装
TIP122	V15	TIP122	NPN 自制封装
TIP122	V13	TIP122	NPN 自制封装
TIP127	V16	TIP122	PNP 自制封装
TIP127	V14	TIP122	PNP 自制封装

8.2.2 检查原理图生成网络表

```
]
[
C2
0805
104


]
[
C3
0805
104


]
[
C4
0805
104


]
[
C5
0805
```

104

]
[
C6
0805
104

]
[
C7
RADD
104

]
[
C8
RB.1/.2
100μF/25V

]
[
C9
RADD
102

]
[
C10
RADD
102

]
[
C11
RADD
102

]
[

```
C12
RADD
102


]
[
C13
RADD
102


]
[
C14
RADD
102


]
[
C15
RADD
104


]
[
C16
RADD
104


]
[
C17
RADD
104


]
[
C18
RADD
104
```

]
[
C50
RAD0.1
33pF

]
[
C51
RAD0.1
33pF

]
[
C52
RB.1/.2
10μF

]
[
C53
RADD
104

]
[
C54
RB.1/.2
10μF

]
[
C55
RB.3/.6
2200μF

]
[
C56
RB.2/.4

1000μF

]
[
C57
RB.3/.6
2200μF

]
[
C58
RB.2/.4
1000μF

]
[
C59
RB.2/.4
1000μF

]
[
C60
RB.2/.4
1000μF

]
[
D1
IN5404
IN5404

]
[
D2
IN5404
IN5404

]
[

D3
IN5404
IN5404

]
[
D4
IN5404
IN5404

]
[
D5
IN5404
IN5404

]
[
D6
IN5404
IN5404

]
[
D7
IN5404
IN5404

]
[
D8
IN5404
IN5404

]
[
DD1
TO-220
LM336

```
]
[
J51
HEAD34
CON34

]
[
J53
SIPP
DY

]
[
J54
SIPP
CON4

]
[
JP1
HEAd34
HEADER 5X2

]
[
L1
L
INDUCTOR2

]
[
L2
L
INDUCTOR2

]
[
L3
L
```

INDUCTOR2

]
[
PUSE1
PUSE
PUSE

]
[
PUSE2
PUSE
PUSE

]
[
R1
0805
10k

]
[
R2
0805
30k

]
[
R3
0805
30k

]
[
R4
0805
10k

]
[

```
R5
0805
30k

]
[
R6
0805
30k

]
[
R7
0805
2.2k

]
[
R8
AXIAL0.4
20k

]
[
R9
AXIAL0.4
10k

]
[
R10
AXIAL0.4
10k

]
[
R11
AXIAL0.4
1M
```

```
]
[
R12
AXIAL0.4
10k

]
[
R13
AXIAL0.4
510

]
[
R14
AXIAL0.4
10k

]
[
R15
AXIAL0.4
1k

]
[
R16
AXIAL0.4
10k

]
[
R17
RESD
1/3W

]
[
R18
AXIAL0.4
```

20k

]
[
R19
AXIAL0.4
10k

]
[
R20
AXIAL0.4
10k

]
[
R21
AXIAL0.4
1M

]
[
R22
AXIAL0.4
10k

]
[
R23
AXIAL0.4
510

]
[
R24
AXIAL0.4
10k

]
[

R25

AXIAL0.4

1k

]

[

R26

AXIAL0.4

10k

]

[

R27

RESD

1/3W

]

[

R50

AXIAL0.4

10k

]

[

R51

AXIAL0.4

5.1k

]

[

RP1

RESQ

20k

]

[

RP2

RESQ

10k

```
]
[
RP3
RESQ
20k

]
[
RP4
RESQ
10k

]
[
RP5
RESQ
5k

]
[
RP6
RESQ
5k

]
[
RP51
SIP9
10k

]
[
S1
SW
SW-PB

]
[
STR1
STR
```

STR2005

]
[
STR2
STR
STR2005

]
[
STR3
STR
STR2012

]
[
U1
DIP40
89S52

]
[
U2
DIP20
DAC0832

]
[
U3
DIP20
DAC0832

]
[
U4
SO-8
LM358

]
[

```
U5
SO-8
LM358

]
[
U6
DIP8
LM358

]
[
U7
DIP8
LM358

]
[
V1
DIODE0.4
1N4007

]
[
V2
DIODE0.4
1N4007

]
[
V3
DIODE0.4
1N4007

]
[
V4
DIODE0.4
1N4007
```

```
]
[
V13
TIP122
TIP122

]
[
V14
TIP122
TIP127

]
[
V15
TIP122
TIP122

]
[
V16
TIP122
TIP127

]
[
Y1
XTAL1
12M

]
(
+12V
C3-1
C5-1
C15-1
C17-1
C58-1
L2-2
R7-1
```

```
RP2-1
RP4-1
STR2-4
U4-8
U5-8
U6-8
U7-8
V1-k
V3-k
V13-2
V15-2
)
(
-12V
C4-2
C6-2
C16-2
C18-2
C55-2
C56-2
D7-1
D8-1
RP2-3
RP4-3
STR3-3
U4-4
U5-4
U6-4
U7-4
V2-a
V4-a
V14-3
V16-3
)
(
A1
J54-1
V1-a
V2-k
V13-3
```

V14-1
)
(
A2
J54-3
V3-a
V4-k
V15-3
V16-1
)
(
ALE
U1-30
)
(
B1
J54-2
R16-2
R17-2
)
(
B2
J54-4
R26-2
R27-2
)
(
GND
C1-2
C2-2
C3-2
C4-1
C5-2
C6-1
C7-2
C8-2
C9-2
C11-2
C12-2
C14-2

C15-2

C16-1

C17-2

C18-1

C50-2

C51-2

C52-2

C53-2

C56-1

C57-2

C58-2

C59-2

C60-2

D3-1

D4-1

DD1-3

J51-2

JP1-4

JP1-6

JP1-8

JP1-10

L3-2

R8-1

R15-2

R17-1

R18-1

R25-2

R27-1

R50-1

RP5-3

RP6-3

STR1-3

STR2-3

STR3-4

U1-20

U2-2

U2-3

U2-10

U2-12

U2-18

```
U3-2
U3-3
U3-10
U3-12
U3-18
U4-3
U4-5
U5-3
U5-5
U6-2
U7-2
)
(
NetD1_1
D1-1
D3-2
PUSE1-2
)
(
NetD1_2
C57-1
C59-1
D1-2
D2-2
STR1-5
STR2-5
)
(
NetD5_2
C55-1
D5-2
D6-2
STR3-5
)
(
NetPUSE2_1
D5-1
D7-2
PUSE2-1
```

```
)
(
NetR1_2
R1-2
R2-2
R3-1
U4-6
)
(
NetR3_2
R3-2
RP1-1
)
(
NetR4_2
R4-2
R5-2
R6-1
U5-6
)
(
NetR6_2
R6-2
RP3-1
)
(
NetR8_2
C9-1
R8-2
R9-1
RP5-2
)
(
NetR9_2
R9-2
R10-2
R11-1
R12-1
U6-3
```

```
)
(
NetR10_1
R10-1
R14-1
U6-7
)
(
NetR11_2
C10-2
R11-2
R13-1
U6-1
)
(
NetR12_2
C10-1
R12-2
)
(
NetR13_2
R13-2
V13-1
V14-2
)
(
NetR14_2
R14-2
R15-1
U6-6
)
(
NetR19_2
R19-2
R20-2
R21-1
R22-1
U7-3
)
```

```
(
NetR20_1
R20-1
R24-1
U7-7
)
(
NetR21_2
C13-2
R21-2
R23-1
U7-1
)
(
NetR22_2
C13-1
R22-2
)
(
NetR23_2
R23-2
V15-1
V16-2
)
(
NetR24_2
R24-2
R25-1
U7-6
)
(
NetR51_2
JP1-2
R51-2
)
(
NetRP2_2
R2-1
RP2-2
```

```
)
(
NetRP4_2
R5-1
RP4-2
)
(
NetRP5_1
RP1-2
RP1-3
RP5-1
U4-7
)
(
NetRP6_1
RP3-2
RP3-3
RP6-1
U5-7
)
(
NetRP6_2
C12-1
R18-2
R19-1
RP6-2
)
(
NetSTR1_1
L1-1
STR1-1
)
(
NetSTR2_1
L2-1
STR2-1
)
(
NetSTR3_1
```

```
L3-1
STR3-1
)
(
NetU2_9
R4-1
U2-9
U5-1
)
(
NetU2_11
U2-11
U5-2
)
(
NetU3_9
R1-1
U3-9
U4-1
)
(
NetU3_11
U3-11
U4-2
)
(
NetU6_5
C11-1
R16-1
U6-5
)
(
NetU7_5
C14-1
R26-1
U7-5
)
(
P0.0
```

J51-12

RP51-2

U1-39

)

(

P0.1

J51-14

RP51-3

U1-38

)

(

P0.2

J51-16

RP51-4

U1-37

)

(

P0.3

RP51-5

U1-36

)

(

P0.4

RP51-6

U1-35

)

(

P0.5

RP51-7

U1-34

)

(

P0.6

RP51-8

U1-33

)

(

P0.7

RP51-9

```
U1-32
)
(
P1.0
U1-1
U2-7
U3-7
)
(
P1.1
U1-2
U2-6
U3-6
)
(
P1.2
U1-3
U2-5
U3-5
)
(
P1.3
U1-4
U2-4
U3-4
)
(
P1.4
U1-5
U2-16
U3-16
)
(
P1.5
JP1-5
U1-6
U2-15
U3-15
)
(
```

```
P1.6
JP1-7
U1-7
U2-14
U3-14
)
(
P1.7
JP1-9
U1-8
U2-13
U3-13
)
(
P2.0
U1-21
U3-1
)
(
P2.1
U1-22
U2-1
)
(
P2.2
U1-23
)
(
P2.3
J51-28
U1-24
)
(
P2.4
J51-30
U1-25
)
(
P2.5
```

```
J51-32
U1-26
)
(
P2.6
J51-34
U1-27
)
(
P2.7
U1-28
U2-17
U3-17
)
(
P3.0
J51-18
)
(
P3.1
J51-20
)
(
P3.4
J51-10
)
(
RES
C54-2
JP1-3
R50-2
S1-2
U1-9
)
(
RXD
U1-10
)
(
```

T0

U1-14

)

(

T1

U1-15

)

(

TXD

U1-11

)

(

V_{CC}

C1-1

C2-1

C52-1

C53-1

C54-1

C60-1

J51-4

JP1-1

L1-2

R51-1

RP51-1

S1-1

STR1-4

U1-31

U1-40

U2-19

U2-20

U3-19

U3-20

)

(

VREF

C7-1

C8-1

DD1-1

R7-2

```
U2-8
U3-8
)
(
X1
C50-1
J53-4
PUSE1-1
U1-19
Y1-2
)
(
X2
C51-1
D2-1
D4-2
J53-3
U1-18
Y1-1
)
(
X3
J53-2
PUSE2-2
)
(
X4
D6-1
D8-2
J53-1
)
```

8.2.3 自制封装

新建 PCB 库文件，命名为 MY.lib，自制封装。

1. SW

水平间距 300mil，垂直间距 200mil。

2. 利用绘图工具手工绘制元件封装 HEAD34

找到原点，在复合层放置 34 个焊盘，尺寸如图 8.12 所示；在 keepoutlayer 绘制零件外框；

更改元件封装名为 HEAD34，保存操作。

图 8.11　封装 SW

图 8.12　封装 HEAD34

注意：HEAD34 也可利用相似元件 IDC34 进行绘制。

3. 利用向导创建元件封装 IN5404

单击工具/新建元件，选择二极管 DIODE，然后按照向导操作。

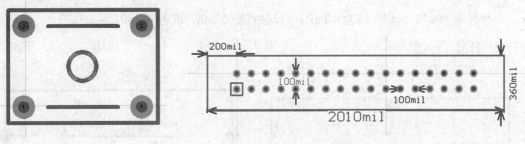

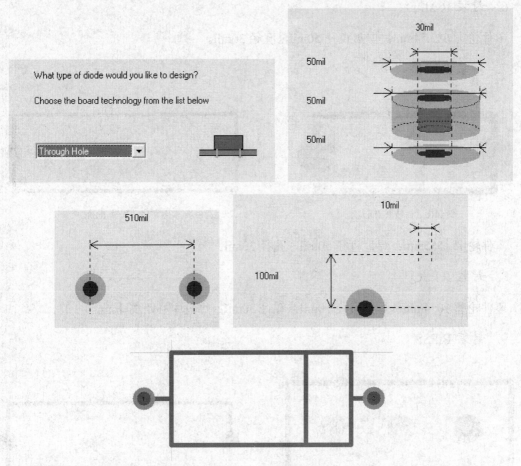

图 8.13　封装 IN5404

修改焊盘序号，重画零件轮廓，命名为 IN5404。

4. 封装 L

零件轮廓 990*315mil（线宽 10mil）；焊盘直径 60mil，孔径 30mil。

5. 封装 FUSE

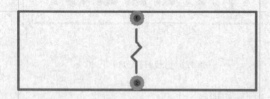

图 8.14 封装 L

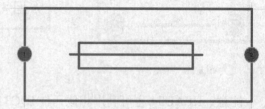

图 8.15 封装 FUSE

零件轮廓 1000*400mil；焊盘 X 直径 65mil，Y 直径 70mil，孔径 60mil。

6. 封装 RADD

零件轮廓 6*2.54mm；焊盘直径 50mil，孔径 30mil。

7. 封装 RESD

图 8.16 封装 RADD

图 8.17 封装 RESD

零件轮廓 15*5mm；焊盘直径 50mil，孔径 30mil。

8. 封装 RESQ

零件轮廓 10*4mm；焊盘直径 50mil，孔径 30mil；焊盘中心距离 3mm。

9. 封装 RESS

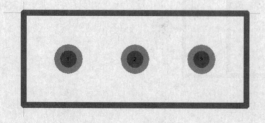

图 8.18 封装 RESQ

图 8.19 封装 RESS

零件轮廓 52*9mm；焊盘直径 50mil，孔径 30mil。

10. 封装 SIPP

零件轮廓 10*16mm；焊盘直径 60mil，孔径 30mil；焊盘中心距离 4mm。

11. 封装 STR

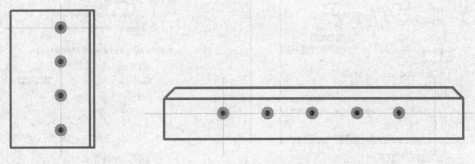

图 8.20　封装 SIPP　　　　　　　　　　　　　　图 8.21　封装 STR

零件轮廓 1420*190mil；焊盘直径 60mil，孔径 30mil；焊盘中心距离 200mil。

12. 封装 TIP122

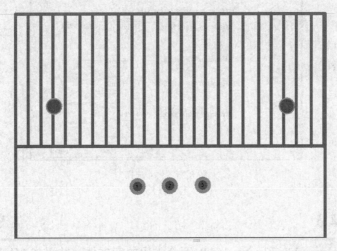

图 8.22　封装 TIP122

零件轮廓 950*（275 + 395）mil；焊盘直径 60mil，孔径 30mil；焊盘中心距离 100mil。

8.2.4　双面板的制作

1. PCB 环境设置

单击"文件"→"新建"文件，弹出新建文件的对话框，选择向导"wizards"标签卡，双击"prited circuit board wizard"，按向导进行操作：电路板宽度 width 为 7100mil，高度 height 为 5600mil，线宽 track width 为 12mil，如图 8.23 所示。

按照向导单击下一步，如图 8.24 所示选择元件。

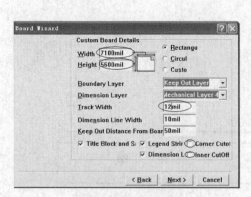

图 8.23 电路板尺寸选择

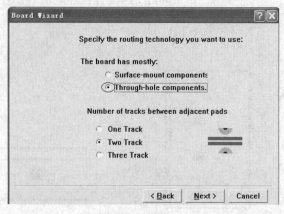

图 8.24 元件选择

按图 8.25 选择尺寸，完成电路板的设置。

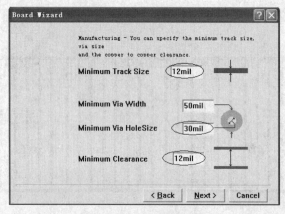

图 8.25 尺寸选择

2. 加载网络表

添加 miscellaneous.ddb 和 advpcb.ddb 两个常用的库文件，并添加 MY.lib 自制封装库。
单击设计/网络表，加载网络表。
注意：修改二极管的封装。

3. 规则设置

（1）线宽设置，如图 8.26 所示。
（2）层设置。TOP 层垂直布线，BOTTOM 层水平布线。
（3）导孔 via 设置。直径为 50mil，孔径为 30mil。

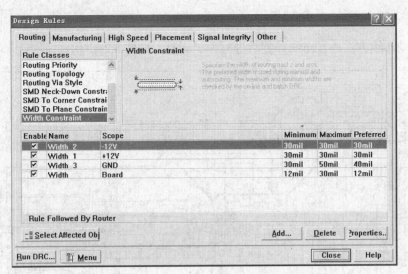

图 8.26　线宽设置

4. 布局

（1）放置安装孔。在板的四周放置安装孔（arc），位于禁止布线层（keepout layer），半径为 69mil，线宽为 10mil。

（2）布局，如图 8.27 所示。

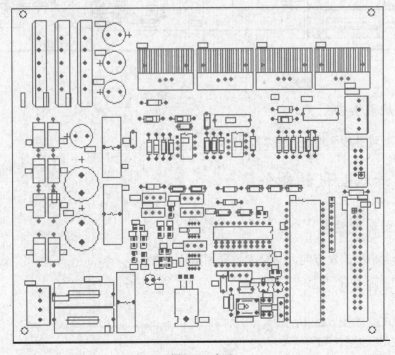

图 8.27　布局

5. 布线

选择自动布线方式进行布线，然后进行手工调整，如图 8.28 所示。

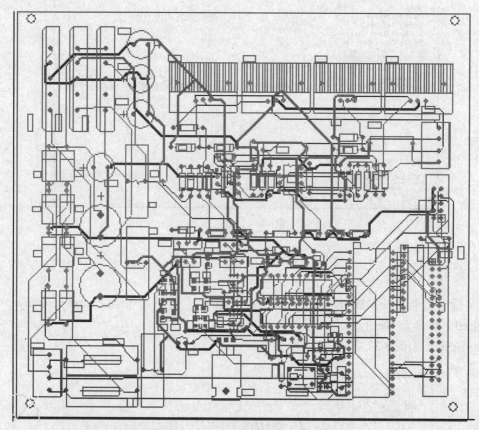

图 8.28　布线

6. 设计规则检查

对整板进行设计规则检查，直到无错为止。

8.3　频率计双面板的制作

1. 原理图环境设置

选择图纸大小和放置方向，其余参数采用默认设置。

2. 制作元件库

（1）CD40110 如图 8.29 所示。

（2）CD4017 如图 8.30 所示。

（3）555 如图 8.31 所示。

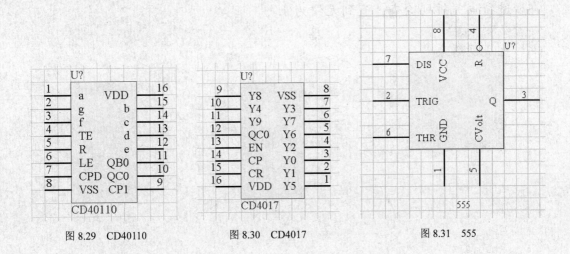

图 8.29　CD40110　　　　　　图 8.30　CD4017　　　　　　图 8.31　555

3. 加载自制元件库和常用元件库

4. 绘制频率计电路图

频率计电路如图 8.32 所示。

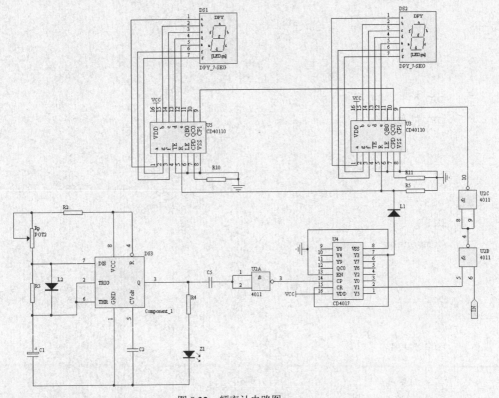

图 8.32　频率计电路图

5. 进行电气规则检查，直到无错为止

6. 生成网络表

```
]
[
C2
RAD0.2


]
[
C5
RAD0.2


]
[
DS1
DPY
DPY_7-SEG


]
[
DS2
DPY
DPY_7-SEG


]
[
DS3
DIP8
Component_1


]
[
L1
DIODE0.4


]
[
```

```
L2
DIODE0.4

]
[
R2
AXIAL0.3

]
[
R3
AXIAL0.3

]
[
R4
AXIAL0.3

]
[
R5
AXIAL0.3

]
[
R10
AXIAL0.3

]
[
R11
AXIAL0.3

]
[
Rp
AXIAL0.4
POT2
```

```
]
[
U2
DIP14
4011

]
[
U3
DIP16
CD40110

]
[
U4
DIP16
CD4017

]
[
U5
DIP16
CD40110

]
[
Z1
LED

]
(
GND
R5-1
R10-1
R11-1
U2-7
U3-4
U3-6
U3-8
```

```
U4-8
U4-13
U5-4
U5-6
U5-8
)
(
NetC1_1
C1-1
DS3-2
DS3-6
L2-2
R3-1
)
(
NetC1_2
C1-2
C2-2
DS3-1
Z1-K
)
(
NetC2_1
C2-1
DS3-5
)
(
NetC5_2
C5-2
U2-1
U2-2
)
(
NetDS3_3
C5-1
DS3-3
R4-2
)
(
```

```
NetR2_1
DS3-4
DS3-8
R2-1
)
(
NetR3_2
DS3-7
L2-1
R3-2
Rp-1
)
(
NetR4_1
R4-1
Z1-A
)
(
NetR10_2
R10-2
U5-7
)
(
NetR11_2
R11-2
U3-7
)
(
NetRp_3
R2-2
Rp-2
Rp-3
)
(
NetU2_3
U2-3
U4-14
)
(
```

```
NetU2_6

U2-6

)

(

NetU2_8

U2-4

U2-8

U2-9

)

(

NetU3_1

DS2-1

U3-1

)

(

NetU3_2

DS2-7

U3-2

)

(

NetU3_3

DS2-6

U3-3

)

(

NetU3_9

U2-10

U3-9

)

(

NetU3_12

DS2-5

U3-12

)

(

NetU3_13

DS2-4

U3-13

)
```

```
(
NetU3_14
DS2-3
U3-14
)
(
NetU3_15
DS2-2
U3-15
)
(
NetU4_2
U2-5
U4-2
)
(
NetU4_15
L1-1
U4-7
U4-15
)
(
NetU5_1
DS1-1
U5-1
)
(
NetU5_2
DS1-7
U5-2
)
(
NetU5_3
DS1-6
U5-3
)
(
NetU5_5
L1-2
```

```
    R5-2
    U3-5
    U5-5
    )
    (
    NetU5_9
    U3-10
    U5-9
    )
    (
    NetU5_12
    DS1-5
    U5-12
    )
    (
    NetU5_13
    DS1-4
    U5-13
    )
    (
    NetU5_14
    DS1-3
    U5-14
    )
    (
    NetU5_15
    DS1-2
    U5-15
    )
    (
    Vcc
    U2-14
    U3-16
    U4-16
    U5-16
    )
```

7. 新建 PCB 文件

在禁止布线层 keepout layer 画板框线 3020mil*2920mil，装载自己的封装库(根据需要)。

自制封装步骤如下。

（1）DPY。焊盘水平中心距离 100mil，垂直中心距离 600mil，如图 8.33 所示。

（2）RAD0.1。焊盘中心距离 100mil，如图 8.34 所示。

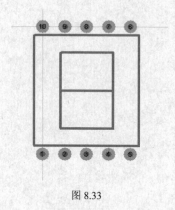

图 8.33

图 8.34

（3）RP。焊盘中心距离 150mil，如图 8.35 所示。

（4）RB.1/.2，如图 8.36 所示。

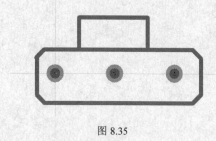

图 8.35

图 8.36

8. 加载网络表

注意：保证网络表的正确性。

9. 规则设置

自动布线线宽 15mil，最小安全间距 12mil，双层板，TOP 层水平布线、BOTTOM 层垂直布线，GND 布线线宽 30mil，V_{CC} 布线线宽 20mil。

10. 布局

（1）放置安装孔。在机械层 1 放置安装孔（ARC），半径为 140mil，线宽为 12mil。

（2）编辑元件。按照图 8.37 放置元件。修改所有元件的序号，字体高度为 92mil，宽度为 6mil；修改所有元件型号，字体高度为 88mil，宽度为 4mil。

11. 布线

进行自动布线，不能自动布线的进行手工修改。布线参考样图如图 8.38 所示。

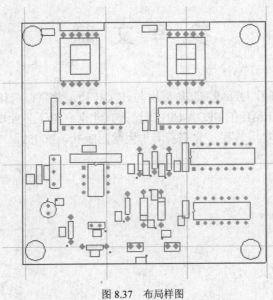

图 8.37　布局样图

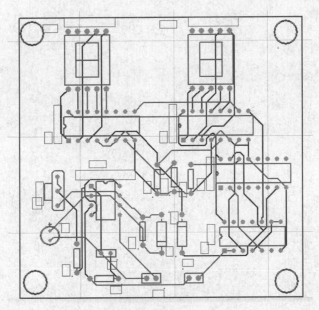

图 8.38　布线参考样图（电源、地线未加粗）

12. 设计规则检查

进行设计规则检查，直到无错为止，生成检查文件。

参 考 文 献

[1] 王辉. MAX+PLUSII 和 QUARTUSII 应用与开发技巧. 北京：机械工业出版社，2007.

[2] 李洪伟等. 基于 QuartusII 的 FPGA/CPLD 设计. 北京：电子工业出版社，2006.

[3] 潘松等. SOPC 技术实用教程. 北京：清华大学出版社，2005.